昆明常见野生植物

POPULAR WILD PLANTS IN KUNMING

刘恩德　上官法智◎主编

中国科学技术大学出版社

内 容 简 介

昆明地处滇中高原腹地，地形复杂，生境多样，是滇中地区植被和植物保存最完好、最具代表性的区域，植物的多样性和特有性均十分突出，具有较高的科研和科普价值。然而，作为“植物王国”云南的省会，昆明一直缺少一本关于其区域内常见野生植物的图文并茂、兼具学术性和科普性的读物。本书收录了昆明市四主城区常见野生种子植物131科519属596种，在物种选择上力求涵盖昆明地区目前记录的属一级的代表，因此对识别、利用昆明地区的野生种子植物具有较高的参考价值。

图书在版编目(CIP)数据

昆明常见野生植物/刘恩德，上官法智主编.—合肥：中国科学技术大学出版社，2020.4
ISBN 978-7-312-04866-1

Ⅰ.昆… Ⅱ.①刘… ②上… Ⅲ.野生植物—昆明—图集 Ⅳ.Q948.574.1-64

中国版本图书馆CIP数据核字(2020)第016417号

出版 中国科学技术大学出版社
安徽省合肥市金寨路96号，230026
http://press.ustc.edu.cn
https://zgkxjsdxcbs.tmall.com
印刷 合肥市宏基印刷有限公司
发行 中国科学技术大学出版社
经销 全国新华书店
开本 787 mm × 1092 mm 1/16
印张 39
字数 490千
版次 2020年4月第1版
印次 2020年4月第1次印刷
定价 200.00元

主　编　刘恩德　上官法智

副主编　杨　梅　吕翠竹　杨　绘

编写人员　张维平　张思宇　葛青松　孙绪伟　张　坤

王　慧　朱云轩　王　妍　赵　越　魏志丹

序

素有“春城”美誉的昆明，是“植物王国”——云南的省会。昆明地处云贵高原中部，北与四川省凉山彝族自治州隔江相望，南与玉溪市、红河哈尼族彝族自治州毗邻，西与楚雄彝族自治州接壤，东与曲靖市交界，属于典型的北亚热带低纬高原山地季风气候。昆明最高峰雪岭海拔4344米，最低点普渡河与金沙江汇合处海拔746米，相对高差接近3600米。较大的高差造就了昆明复杂的地形、地貌和气候类型，为植物提供了多样的生长环境，孕育了丰富的植物多样性。

早在19世纪末就有法国传教士开始调查、采集昆明地区的植物。近几十年来，昆明植物研究所和昆明地区的其他科教机构也积累了大量的植物调查和采集数据。1980年，云南大学生物系编写了覆盖昆明四区四县的《昆明地区种子植物名录》。然而，一直没有人对昆明地区植物区系调查资料进行系统的整理，也缺乏较为权威的出版物，这与昆明作为“植物王国”的省会城市的地位不相匹配，不能不说是一种遗憾。

《昆明常见野生植物》的作者历时十

年，对昆明地区各类植物调查、采集数据进行了系统收集整理，并主要利用节假日到野外进行拍摄，从所拍摄的昆明地区1636种种子植物中精选出131科519属596种的图片，编辑整理成书。该书基本覆盖了昆明常见种子植物的属一级单位，所选物种为该属在昆明的代表性物种，每一个物种都尽可能选取若干张植株及其关键识别特征的照片，使得该书具有较高的野外教学实习参考价值。别具匠心的是，该书利用二维码链接数据库的形式把大量专业但冗长的文字描述以及照片进行了隐藏，感兴趣的读者可以通过扫描二维码了解该种的更多内容。如此处理之后，该书的文字描述极为精练，页面排版十分简洁，极大地增强了阅读效果，使得书中收录的每一种植物都能够栩栩如生地呈现在读者面前。

《昆明常见野生植物》一书的出版，旨在通过图片和文字的形式展现昆明地区常见的野生植物，向公众展示昆明丰富的植物多样性以及植物之美。我由衷地希望通过本书的信息传递，能够让读者增加对昆明植物多样性的了解，发现身边植物的美，热爱大自然，敬畏大自然，更加热爱这座城市，并为这座城市植物多样性保护贡献自己的一份力量！

总之，这是第一本针对昆明地区常见野生植物兼具科学性和普及性、适合专业植物学工作者和广大植物爱好者的植物图谱，我为本书的作者点赞！

是为序。

李德铢

中国科学院昆明植物研究所研究员

2019年10月11日

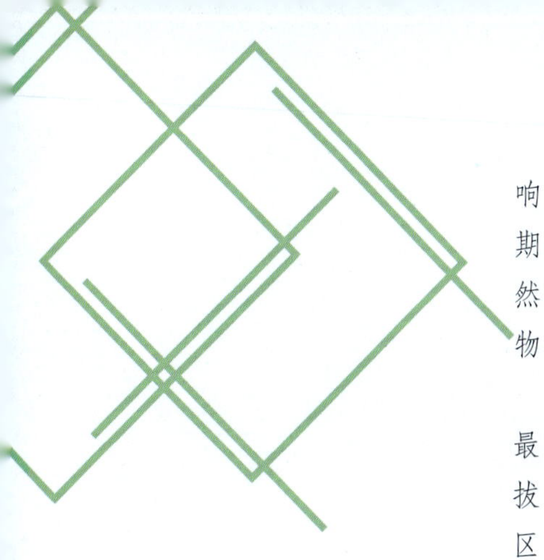

前言

昆明属于高原山地季风气候。由于受印度洋西南暖湿气流的影响，加上东部和北部高大山体对西伯利亚寒流的阻隔，昆明日照长、霜期短、气候温和，夏无酷暑，冬无严寒，四季如春，气候宜人。优越的自然地理和气候条件使得昆明不仅享有“春城”的美誉，更是滇中高原生物多样性的璀璨明珠，是当之无愧的植物研究和爱好者心中的圣地。

昆明地区地形复杂，地势多变，其中东川区舍块乡雪岭为昆明境内最高点，海拔4344米，普渡河与金沙江汇合处为昆明境内最低点，海拔746米。较大的海拔高差、复杂的地形和多样的生境孕育了昆明地区丰富的植被类型，如拥有大面积的滇中地区典型地带性植被半湿润常绿阔叶林，其他如干热河谷灌丛、硬叶常绿阔叶林、落叶阔叶林、暖温性针叶林、寒温性针叶林、干热性稀树灌木草丛、暖温性稀树灌木草丛、寒温性灌丛、暖性石山灌丛、寒温性草甸、暖性草甸及各类水生植被都有，植物区系成分也十分复杂和丰富。

昆明地处云贵高原的中心，向东与华中、华东的丘陵地带相连接，向西与横断山脉的东南边缘紧密相连，处于植物区系的过渡地带，得天独厚的自然地理条件，孕育了昆明丰富的植物多样性。根据现有资料记载，昆明地区（包括六区一市七县）的野生种子植物接近3000种。除了丰富的多样性，昆明地区植物区系还具有较高的特有性。自东向西，随着云贵高原的抬升，气候、土壤和植被类型不断变化，很多华中、华东区系成分逐渐消失，代之以很多滇中地区特化形成的特有成分，如昆明小檗、滇鳔冠花、环毛马蓝、云南前胡、昆明蟹甲草、昆明帚菊、昆明红景天、云南荸荠、荫生沙晶兰、昆明木蓝、昆明鹿藿等。

本书收录了昆明四主城区（五华区、盘龙区、官渡区、西山区）范围内常见的131科519属596种种子植物。在物种的选择上，以常见和有代表性为原则，涵盖了四主城区范围内有标本记录的全部的科，并基本涵盖了所有的属，以保证其参考价值和实用性。昆明作为云南省的经济和文化中心，辖区内拥有众多与植物相关的大中专院校和研究所，本书可以为这些单位的植物教学和野外实习提供有益的参考。此外，昆明周边分布着黑龙潭、金殿、西山、筇竹寺等著名的风景名胜区，该书也能帮助有自然教育需求的各类人士、植物爱好者更快捷、深入地认识昆明的常见野生植物，获得不一样的景区游览体验。最后，本书还可以为昆明市的园林绿化、观赏、食用、药用等资源植物的开发利用提供重要参考，为本市的特色农业开发、文化旅游、生物大健康产业的发展提供新的思路。

编者

2019年9月16日

目　录

序 …… i
前言 …… iii

爵床科 Acanthaceae …… 001
五福花科 Adoxaceae …… 005
八角枫科 Alangiaceae …… 006
泽泻科 Alismataceae …… 007
苋科 Amaranthaceae …… 009
石蒜科 Amaryllidaceae …… 013
漆树科 Anacardiaceae …… 014
伞形科 Apiaceae …… 018
冬青科 Aquifoliaceae …… 028
天南星科 Araceae …… 030
五加科 Araliaceae …… 036
棕榈科 Arecaceae …… 038
马兜铃科 Aristolochiaceae …… 039
萝藦科 Asclepiadaceae …… 040
菊科 Asteraceae …… 044
凤仙花科 Balsaminaceae …… 096
落葵科 Basellaceae …… 097
秋海棠科 Begoniaceae …… 098
小檗科 Berberidaceae …… 099
桦木科 Betulaceae …… 100
紫葳科 Bignoniaceae …… 102
紫草科 Boraginaceae …… 103
十字花科 Brassicaceae …… 111
黄杨科 Buxaceae …… 117
仙人掌科 Cactaceae …… 119
桔梗科 Campanulaceae …… 120
大麻科 Cannabaceae …… 129
山柑科 Capparaceae …… 130
忍冬科 Caprifoliaceae …… 131
石竹科 Caryophyllaceae …… 137
卫矛科 Celastraceae …… 146
金鱼藻科 Ceratophyllaceae …… 150
藜科 Chenopodiaceae …… 151
鸭跖草科 Commelinaceae …… 154
旋花科 Convolvulaceae …… 158
马桑科 Coriariaceae …… 163
山茱萸科 Cornaceae …… 164
景天科 Crassulaceae …… 165
葫芦科 Cucurbitaceae …… 168
柏科 Cupressaceae …… 173
莎草科 Cyperaceae …… 176

薯蓣科 Dioscoreaceae ········189
川续断科 Dipsacaceae ········193
茅膏菜科 Droseraceae ········194
柿树科 Ebenaceae ········195
胡颓子科 Elaeagnaceae········196
杜鹃花科 Ericaceae ········197
大戟科 Euphorbiaceae ········215
豆科 Fabaceae ········224
壳斗科 Fagaceae ········264
龙胆科 Gentianaceae ········270
牻牛儿苗科 Geraniaceae ········278
苦苣苔科 Gesneriaceae········280
小二仙草科 Haloragidaceae········284
青荚叶科 Helwingiaceae ········285
水鳖科 Hydrocharitaceae ········286
金丝桃科 Hypericaceae ········288
八角科 Illiciaceae ········290
鸢尾科 Iridaceae ········291
胡桃科 Juglandaceae ········293
灯心草科 Juncaceae ········295
唇形科 Lamiaceae ········298
木通科 Lardizabalaceae········323
樟科 Lauraceae········324
浮萍科 Lemnaceae ········328
百合科 Liliaceae ········330
亚麻科 Linaceae ········347
马钱科 Loganiaceae ········348
桑寄生科 Loranthaceae ········350
千屈菜科 Lythraceae ········353
木兰科 Magnoliaceae ········355
锦葵科 Malvaceae ········357
野牡丹科 Melastomataceae ········361
楝科 Meliaceae········362
防己科 Menispermaceae ········364
睡菜科 Menyanthaceae ········365
桑科 Moraceae ········366
芭蕉科 Musaceae········369
杨梅科 Myricaceae ········370
紫金牛科 Myrsinaceae ········371
桃金娘科 Myrtaceae ········372
莲科 Nelumbonaceae········373
铁青树科 Olacaceae ········374
木樨科 Oleaceae ········375
柳叶菜科 Onagraceae········382
兰科 Orchidaceae ········385
列当科 Orobanchaceae ········400
酢浆草科 Oxalidaceae ········401
芍药科 Paeoniaceae ········402
罂粟科 Papaveraceae········403
西番莲科 Passifloraceae ········405
透骨草科 Phrymataceae ········406
商陆科 Phytolaccaceae ········407
松科 Pinaceae ········409
海桐花科 Pittosporaceae ········412
车前科 Plantaginaceae ········413
禾本科 Poaceae ········415

远志科 Polygalaceae ······465
蓼科 Polygonaceae ······466
雨久花科 Pontederiaceae ······472
马齿苋科 Portulacaceae ······474
眼子菜科 Potamogetonaceae ······475
报春花科 Primulaceae ······476
毛茛科 Ranunculaceae ······481
鼠李科 Rhamnaceae ······490
蔷薇科 Rosaceae ······495
茜草科 Rubiaceae ······511
芸香科 Rutaceae ······518
清风藤科 Sabiaceae ······521
杨柳科 Salicaceaee ······522
檀香科 Santalaceae ······524
无患子科 Sapindaceae ······525
虎耳草科 Saxifragaceae ······527
玄参科 Scrophulariaceae ······535
茄科 Solanaceae ······552
旌节花科 Stachyuraceae ······556
安息香科 Styracaceae ······557
山矾科 Symplocaceae ······558
杉科 Taxodiaceae ······559
山茶科 Theaceae ······560
瑞香科 Thymelaeaceae ······564
椴树科 Tiliaceae ······567
菱科 Trapaceae ······568
香蒲科 Typhaceae ······569
榆科 Ulmaceae ······570
荨麻科 Urticaceae ······571
马鞭草科 Verbenaceae ······585
堇菜科 Violaceae ······588
葡萄科 Vitaceae ······589
黄眼草科 Xyridaceae ······593
姜科 Zingiberaceae ······594

索引一 ······597
索引二 ······603
后记 ······611

三花枪刀药 *Hypoestes triflora*

爵床科　枪刀药属

别名：土巴戟、枪刀药

多年生草本；叶对生，羽状网脉；聚伞花序，花2唇形。昆明周边林下坡地有分布。

爵床 *Justicia procumbens*

爵床科　爵床属

别名:赤眼老母草、大鸭草、互子草

草本;叶对生,羽状网脉;穗状花序,花冠粉红色,花2唇形,上唇较小。昆明周边山坡林间草丛中习见野草。

环毛马蓝 *Strobilanthes cyclus*

爵床科　马蓝属

别名：环状马蓝、小叶蜂窝草、紫云菜

草本；茎直立，常“之”字形曲折，密被长柔毛；叶宽卵形或菱形，边缘具圆锯齿，两面均被毛；花蓝色，背面被白色柔毛。云南特有，昆明周边长虫山及西山林下有分布。

腺毛马蓝 *Strobilanthes forrestii*

爵床科　马蓝属

别名：毛叶草、牛克膝、白升麻

草本，全株被柔毛或腺毛；叶对生；花蓝紫色，冠筒上部弯曲，冠檐裂片5，近相等。昆明周边山坡林下有分布。

血满草 *Sambucus adnata*

五福花科　接骨木属

别名：血莽草、珍珠麻、大血草、臭老汉

直立草本或半灌木，根、茎折断有红色汁液；羽状复叶对生；聚伞花序，花白色或淡黄色；果近球形，红色。昆明周边林下、沟边或山坡草丛中有分布。

八角枫 *Alangium chinense*

八角枫科　八角枫属

别名：楮木、勾儿茶、包子树、八角将军

落叶乔木或灌木；叶互生；二歧聚伞花序，花白色，反卷。昆明周边丛林中或林边较为潮湿的环境有分布。

泽泻 *Alisma plantago-aquatica*

泽泻科　泽泻属

别名：水白菜、水哈蟆叶、如意菜

多年生水生草本；叶基生，平行脉；圆锥花序，花被片3枚，白色，辐射对称。昆明周边农田及湖泊沼泽有分布。

野慈姑 *Sagittaria trifolia*

泽泻科　慈姑属

别名：毛驴子耳朵、磨架子草、剪刀菜

多年生水生或沼生草本；叶基生，箭形，平行脉；总状或圆锥状花序，花白色，辐射对称，花被片3。昆明周边农田湖泊及沼泽有分布。

牛膝 *Achyranthes bidentata*

苋科　牛膝属

别名：鼓槌草、疔疮草、白牛膝、喉白草

多年生草本；茎有棱角或四方形，绿色或带紫色；叶对生；穗状花序顶生及腋生，花多数，密生。昆明周边山坡林下均有分布。

喜旱莲子草 *Alternanthera philoxeroides*

苋科　莲子草属

别名:空心莲子草、革命草、水花生

多年生草本;茎基部匍匐;叶对生;头状花序,花白色,辐射对称;外来入侵植物,原产巴西。昆明周边池沼、水沟有分布。

反枝苋 *Amaranthus retroflexus*

苋科　苋属

别名：西风谷、阿日白-诺高、忍建菜

一年生草本；叶互生，羽状网脉凹陷明显，淡绿色或带紫色条纹；圆锥花序，花密集排列。原产美洲热带，昆明周边农田和荒草地有分布。

川牛膝 *Cyathula officinalis*

苋科　杯苋属

别名：拐牛膝、红毛药、杨梅花、大牛膝

多年生草本；茎直立，近四棱形，多分枝，疏生长糙毛；叶对生，羽状网脉；二歧聚伞花序，花密集成花球团。昆明周边灌丛草坡、林缘、河边均有分布。

小金梅草 *Hypoxis aurea*

石蒜科　小金梅草属

别名:关慈姑

多年生矮小草本;叶基生,狭线形;花黄色,辐射对称,花瓣疏被褐色长柔毛。昆明周边林下灌丛中或草坡有分布。

黄连木 *Pistacia chinensis*

漆树科　黄连木属

别名:黄连茶、鸡冠果、楷木、臭椿皮

落叶乔木;奇数羽状复叶互生,小叶对生或近对生,披针形;圆锥花序;核果倒卵状球形,成熟时紫红色,后变为紫蓝色。昆明周边石灰岩山坡林中有分布。

清香木 *Pistacia weinmanniifolia*

漆树科　黄连木属

别名：对节皮、清香树、昆明乌木、香叶树

灌木或乔木；偶数羽状复叶互生，小叶革质，叶轴具狭翅；圆锥花序腋生；核果球形，成熟时红色。昆明周边石灰岩灌丛中或山坡有分布。

盐肤木 *Rhus chinensis*

漆树科　盐肤木属

别名：盐酸树、肤烟叶、肤盐渣树、五倍子树

落叶小乔木或灌木；奇数羽状复叶互生，叶轴具宽的叶状翅；圆锥花序顶生，花白色，辐射对称；核果球形，成熟时红色。昆明周边向阳山坡、灌丛中有分布。

裂果漆 *Toxicodendron griffthii*

漆树科　漆属

别名：野漆

小乔木；奇数羽状复叶互生，常聚生于小枝顶端，小叶革质，叶轴无翅，无毛；圆锥花序腋生；核果近球形，淡黄色。昆明周边石山灌丛中有分布。

小柴胡 *Bupleurum hamiltonii*

伞形科 柴胡属

别名：滇银柴胡、金柴胡

二年生草本；茎直立，单一，多分枝；叶小，线形；伞形花序小而多；分生果横切面五角形。昆明周边向阳山坡草丛中、干燥砾石坡有分布。

细叶旱芹 *Cyclospermum leptophyllum*

伞形科　细叶旱芹属

别名:细叶芹

一年生草本;叶羽状分裂,裂片线形至丝状;复伞形花序,卵圆形;果实圆心脏形或圆卵形。外来物种,昆明周边杂草地或水沟边有分布。

白亮独活 *Heracleum candicans*

伞形科　独活属

别名：白云花、滇独活、白羌活

多年生草本，全株被灰白色柔毛；叶羽状分裂；复伞形花序，花瓣白色；果实倒卵状长圆形。昆明周边山坡林下有分布。

天胡荽 *Hydrocotyle sibthorpioides*

伞形科　天胡荽属

别名：野芫荽、鹅不食草、满天星

多年生草本，有气味；叶肾圆形，边缘浅裂；伞形花序与叶对生，单生于节上，花绿白色；果略呈心形，两侧压扁。昆明周边湿润草地、河沟边有分布。

滇芹 *Meeboldia yunnanensis*

伞形科　滇芹属

别名:昆明芹

多年生草本;叶羽状分裂;复伞形花序,花辐射对称;果实狭卵形。昆明周边山坡草地或疏林下有分布。

水芹 *Oenanthe javanica*

伞形科　水芹属

别名:楚葵、河芹

多年生草本;叶片轮廓三角形,羽状分裂;伞形花序,花瓣白色;果呈椭圆形或矩圆形。昆明周边池沼、水沟边或潮湿低洼处有分布。

杏叶茴芹 *Pimpinella candolleana*

伞形科　茴芹属

别名：山当归、兔耳防风

多年生草本；叶卵状心形或心形，羽状裂；复伞形花序，花瓣白色，倒心形；果实卵球形，被鳞片状毛。昆明周边林下或路旁有分布。

竹叶西风芹 *Seseli mairei*

伞形科　西风芹属

别名：竹叶防风、鸡脚防风

多年生草本；叶羽状分裂，裂片线形；复伞形花序，花瓣黄色；分生果卵形，两侧扁平。昆明周边山坡草丛中或林缘有分布。

小窃衣 *Torilis japonica*

伞形科　窃衣属

别名：破子草、大叶山胡萝卜

一年生或多年生草本；叶羽状分裂；复伞形花序，被刺毛；果实表面通常有内弯或呈钩状的皮刺。昆明周边山坡及路边均有分布。

糙果芹 *Trachyspermum scaberulum*

伞形科　糙果芹属

别名:粗子芹

多年生草本;叶羽状深裂;复伞形花序,花白色;果实卵圆形或圆心形,表面有糙毛。昆明周边山坡路旁、灌丛中或林下有分布。

长叶枸骨 *Ilex georgei*

冬青科　冬青属

别名：保山冬青、单核冬青、阎王刺

常绿灌木至小乔木；叶互生，叶尖和叶缘常形成尖刺；花序簇生于二年生的小枝叶腋内，花辐射对称；果成熟时红色。昆明周边山地疏林下或路旁灌丛中有分布。

多脉冬青 *Ilex polyneura*

冬青科　冬青属

别名:青皮树

落叶乔木;叶互生;假伞形花序腋生,花辐射对称;果球形。昆明周边林下有分布。

菖蒲 *Acorus calamus*

天南星科　菖蒲属

别名：白菖蒲、家菖蒲、臭蒲子

多年生草本；叶基生，剑状线形；叶状佛焰苞剑状线形，肉穗花序狭锥状圆柱形，花黄绿色。昆明周边水边、沼泽湿地有分布。

花魔芋 *Amorphophallus konjac*

天南星科　魔芋属

别名：魔芋、花麻蛇、花杆莲、蛇头根草

多年生草本；叶全裂，裂片羽状分裂；佛焰苞漏斗形，边缘褶波状，内面深紫色，肉穗花序。昆明周边林下或溪谷两旁湿润地有分布。

一把伞南星 *Arisaema erubescens*

天南星科　天南星属

别名：法夏、麻芋杆、山苞谷、蛇子麦

多年生草本；叶片放射状分裂；佛焰苞直立，背面有白色条纹，檐部先端线形尾尖，肉穗花序。昆明周边山坡灌丛、林下有分布。

山珠南星 *Arisaema yunnanense*

天南星科　天南星属

别名：山珠半夏、蛇饭果、刀口药、小南星

多年生草本；叶片3全裂；佛焰苞苍白色，中部具绿色条纹，檐部直立，背弓凸，先端渐尖，肉穗花序单性。昆明周边山坡、林下有分布。

芋 *Colocasia esculenta*

天南星科　芋属

别名:青皮叶、独皮叶、蹲鸱、芋头

湿生草本;叶基生,平行叶;佛焰苞内卷,肉穗花序短于佛焰苞。昆明周边有栽培或逸生。

大薸 *Pistia stratiotes*

天南星科　大薸属

别名：水荷莲、水浮萍、水白菜

水生漂浮草本；叶簇生成莲座状，两面均被毛，叶脉伸展成扇状；佛焰苞白色，肉穗花序短于佛焰苞。外来入侵植物，昆明周边水体中有分布。

白簕 *Eleutherococcus trifoliatus*

五加科　五加属

别名：刺五加、五加皮、哈扁、三加皮

灌木，枝上疏生皮刺；掌状复叶，小叶3~5；复伞形花序或圆锥花序，花黄绿色，辐射对称；果扁球形，成熟时黑色。昆明周边山坡林下或灌丛中有分布。

掌叶梁王茶 *Metapanax delavayi*

五加科 梁王茶属

别名:梁王茶、白鸡骨头树、台氏梁王茶

灌木;掌状复叶,小叶片3~5;伞形花序,花白色,辐射对称。昆明周边林下或灌木丛中有分布。

棕榈 *Trachycarpus fortunei*

棕榈科　棕榈属

别名：棕树、栟榈

乔木状，树干圆柱形；叶深裂，裂片具褶皱且呈线状剑形，先端短2裂，硬挺甚至顶端下垂；花序粗壮，自叶腋抽出，雌雄异株。昆明各处公园及村边等有栽培或逸生。

昆明马兜铃 *Aristolochia kunmingensis*

马兜铃科　马兜铃属

别名：南木香

木质藤本；叶互生，心状卵形；单花腋生，喇叭状，具柔毛，檐部3裂，喉部黄色，内侧具紫色条纹；蒴果长圆柱状。昆明周边林下灌丛中或林缘有分布。

短序吊灯花 *Ceropegia christenseniana*

萝藦科　吊灯花属

别名：小鹅儿肠、牛角叉、小九股牛

藤本；叶对生，两面密被柔毛，有乳汁；聚伞花序；蓇葖果披针形；种子顶端具白色绢质种毛。昆明周边山地林中有分布。

青羊参 *Cynanchum otophyllum*

萝藦科　鹅绒藤属

别名：白芍、白药、奶浆草、大耳白薇

多年生草质藤本；有乳汁；叶对生，两面均被柔毛；伞形聚伞花序腋生，花白色，辐射对称；蓇葖果短披针形。昆明周边山坡、林缘有分布。

黑龙骨 *Periploca forrestii*

萝藦科　杠柳属

别名：铁散沙、青蛇胆、飞仙藤

藤状灌木；叶对生，有乳汁，聚伞花序，花肉质。昆明周边山坡林下有分布。

云南娃儿藤 *Tylophora yunnanensis*

萝藦科　娃儿藤属

别名：金线包、野辣椒、老妈妈针线包

直立半灌木，有乳汁；叶对生，顶端钝，有小尖头；聚伞花序腋生，花紫红色。昆明周边山地疏林下或山坡向阳灌丛中有分布。

宽叶下田菊 *Adenostemma lavenia* var. *latifolium*

菊科　下田菊属

别名：重皮消、大芥菜

多年生草本；叶对生，羽状脉，阔卵形；复伞房状花序，花白色至暗紫色；瘦果。昆明周边山坡草地、灌丛中或路旁等有分布。

紫茎泽兰 *Ageratina adenophora*

菊科　紫茎泽兰属

别名：大黑草、花升麻、解放草

多年生草本；茎直立，紫红色；叶对生；头状花序数个排成伞房状花序；瘦果；原产墨西哥，入侵物种。昆明周边各处有分布。

心叶兔儿风 *Ainsliaea bonatii*

菊科　兔儿风属

别名：大俄火把、大一支箭、双股箭、小接骨丹

多年生草本；基生叶呈莲座状，茎生叶互生，羽状脉；头状花序作穗状花序排列，花紫色、淡紫色或粉色，管状；瘦果，密被白色柔毛。昆明周边山坡草丛中、林下有分布。

腋花兔儿风 *Ainsliaea pertyoides*

菊科　兔儿风属

别名：叶下花、追风箭、地黄连

多年生草本；叶互生，全缘；头状花序，腋生，花管状；瘦果。昆明周边林下、灌丛中或山谷溪边有分布。

多花亚菊 *Ajania myriantha*

菊科　亚菊属

别名：蜂窝菊、千花亚菊

多年生草本或半灌木；叶互生，二回羽状分裂；头状花序排成复伞房状，花黄色；瘦果。昆明周边山坡杂木林下或草坡有分布。

珠光香青 *Anaphalis margaritacea*

菊科　香青属

别名:山萩、避风草、九头艾

多年生草本,全株被白色绵毛或蛛丝状毛;叶互生,披针形;头状花序于茎顶排成复伞房状花序。昆明周边山坡草地、林缘或路边有分布。

牛尾蒿 *Artemisia dubia*

菊科　蒿属

别名:指叶蒿、茶纹

半灌木状草本;茎基部木质,分枝多;叶互生,羽状深裂。昆明周边山坡草地或疏林下有分布。

白莲蒿 *Artemisia sacrorum*

菊科　蒿属

别名:白蒿、铁杆蒿、担白岩蒿

半灌木状草本;茎多数,常组成小丛;叶羽状分裂,疏被灰白色短柔毛;多数头状花序排列成总状花序,下垂。昆明周边山坡、路旁、灌丛中有分布。

马兰 *Aster indicus*

菊科　紫菀属

别名：蓑衣莲、山菊、鸡儿肠、路边菊

多年生草本；叶互生，边缘有粗齿；头状花序单生于枝端并排成疏伞房状花序。昆明周边山坡草地、路旁或林下有分布。

钻叶紫菀 *Aster subulatus*

菊科　紫菀属

别名:无

茎直立,有条棱,上部略分枝;叶线状披针形,主脉明显,无柄,全缘;头状花序,多数于茎顶排成圆锥状。外来入侵植物,昆明周边路边、山坡林下有分布。

三脉紫菀 *Aster trinervius* subsp. *ageratoides*

菊科　紫菀属

别名:白头草、伸筋草、六月雪、野白菊花

多年生草本,茎直立,常带紫红色;叶互生,边缘有浅齿;头状花序于茎顶排成伞房状圆锥花序。昆明周边山坡草地或林下有分布。

鬼针草 *Bidens pilosa*

菊科　鬼针草属

别名：钢叉草、符因头、感冒草、一包针

一年生草本；叶对生或有时在茎上部互生，三出复叶，小叶3枚；瘦果顶端有芒刺。外来入侵植物，昆明周边山坡草地、路边或村旁荒地有分布。

丝毛飞廉 *Carduus crispus*

菊科　飞廉属

别名：小蓟、红马羊刺、刺萝卜

二年生或多年生草本；茎直立；叶互生，羽状分裂，边缘有不规则锯齿，齿端有长针刺；头状花序，花冠红色。昆明周边山坡草地、林下或路边有分布。

天名精 *Carpesium abrotanoides*

菊科　天名精属

别名：鹤虱、天蔓青、地菘

多年生粗壮草本；叶互生；头状花序单生于茎、枝先端及其叶腋，呈穗状花序排列。昆明周边林缘、山坡草地或水沟边有分布。

野菊 *Chrysanthemum indicum*

菊科　菊属

别名:东篱菊、菊花脑、苦薏

多年生草本;中部茎叶卵形,羽状分裂;头状花序排成伞房状圆锥花序,舌状花黄色。昆明周边山坡草地、路边溪旁或灌丛中有分布。

刺儿菜 *Cirsium arvense* var. *integrifolium*

菊科 蓟属

别名：刺刺芽、刺蒡花、大刺儿菜

多年生草本，茎直立；叶长椭圆形，常无柄，边缘具细密的针刺；头状花序单生于茎顶，两性花；苞片膜质，顶端具针刺。昆明周边山坡、荒地有分布。

野茼蒿 *Crassocephalum crepidioides*

菊科　野茼蒿属

别名：革命菜、野木耳菜、野青菜、灯笼草

一年生草本；茎直立；叶互生，边缘有粗齿或重齿；头状花序排成伞房状花序，花红褐色或橙红色。外来入侵植物，昆明周边山坡、沟谷林缘或水边有分布。

万丈深 *Crepis phoenix*

菊科　还阳参属

别名：天竺参、奶浆柴胡、岔子菜

多年生草本；茎生叶披针形；头状花序排成伞房状花序，花冠鲜黄色。昆明周边山坡或路边草地有分布。

小鱼眼草 *Dichrocephala benthamii*

菊科　鱼眼草属

别名：星宿草、鸡眼草、小馒头草、地胡椒

一年生草本；叶互生，羽状分裂；头状花序扁球形，排成伞房状花序。昆明周边山坡草地或路边有分布。

羊耳菊 *Duhaldea cappa*

菊科　羊耳菊属

别名：斑毛叶、马肝子、黄菜、蜜蜂干

亚灌木；茎直立，粗壮，密被绒毛；叶互生，长圆状披针形，背面被白色绒毛；头状花序排成聚伞圆锥花序。昆明周边草地、林下或路边有分布。

显脉旋覆花 *Duhaldea nervosa*

菊科　羊耳菊属

别名：草威灵、黑威灵、小黑药

多年生草本；茎直立，被长硬毛；叶缘有锯齿，两面被基部疣状的糙毛；头状花序单生或于茎顶排成伞房状，舌状花白色，管状花黄色。昆明周边林下、湿润草地有分布。

鳢肠 *Eclipta prostrata*

菊科　鳢肠属

别名：旱莲草、墨斗草、墨菜

一年生草本；茎基部分枝，被贴生糙毛；叶长圆状披针形，边缘有细锯齿或波状，两面密被糙毛，无柄或柄极短；头状花序，花白色。昆明周边路旁、草丛中、山坡潮湿处有分布。

一点红 *Emilia sonchifolia*

菊科　一点红属

别名：羊蹄草、牛奶奶、红头草

一年生草本；叶互生，羽状分裂，叶基部抱茎；头状花序排成伞房状花序，花粉红色或紫色。昆明周边山坡或路旁有分布。

短葶飞蓬 *Erigeron breviscapus*

菊科　飞蓬属

别名:灯盏花、土细辛、地顶草

多年生草本;叶主要集中于基部,呈莲座状;头状花序单生于茎或分枝顶端。昆明周边山坡草地、灌丛中或路旁有分布。

苏门白酒草 *Erigeron sumatrensis*

菊科　飞蓬属

别名：茵陈蒿、洋蒿、野蒿

一年生或二年生草本，被柔毛；叶互生；头状花序排成圆锥花序。外来入侵植物，昆明周边荒坡、路旁或林下草地有分布。

白头婆 *Eupatorium japonicum*

菊科　泽兰属

别名：泽兰、不老草、孩儿菊、扒麻子

多年生草本；叶对生，长椭圆形；头状花序排成伞房状花序。昆明周边山坡草地、路旁、林下或溪边有分布。

牛膝菊 *Galinsoga parviflora*

菊科　牛膝菊属

别名：辣子草、向阳花、珍珠草

一年生草本；叶对生，基出三脉或不明显五出脉；头状花序半球形，排成伞房状花序。外来入侵植物，昆明周边山坡草地、路边或林下有分布。

火石花 *Gerbera delavayi*

菊科　火石花属

别名：一支箭、白叶不翻、钩苞大丁草

多年生草本；叶基生，呈莲座状，背面密被白色绵毛；头状花序单生于花葶顶端，雌花花冠舌状，淡红色，两性花花冠管状2唇形。昆明周边林边草丛中有分布。

菊三七 *Gynura japonica*

菊科　菊三七属

别名: 土三七、三七草、大伤药、见肿消

多年生草本;叶互生,羽状深裂;头状花序排成伞房状圆锥花序,花黄色或橙黄色。昆明周边山坡草地、山谷或林缘有分布。

泥胡菜 *Hemistepta lyrata*

菊科　泥胡菜属

别名：野苦麻、苦荬菜、猪兜菜、猫骨头

一年生草本；基生叶莲座状，茎生叶互生，羽状分裂；头状花序排成伞房状花序。昆明周边草地、路边或林下有分布。

三角叶须弥菊 *Himalaiella deltoidea*

菊科　须弥菊属

别名：白牛蒡、翻白叶、海肥干

二年生草本；叶片大头羽状全裂；头状花序。昆明周边山坡路旁、林缘有分布。

水朝阳旋覆花 *Inula helianthus-aquatilis*

菊科　旋覆花属

别名:水葵花、金佛草、水朝阳草

多年生草本;叶卵圆状披针形或披针形,边缘有细尖锯齿;头状花序单生于茎端或枝端,外围雌花舌状,中央两性花管状,均为黄色。昆明周边林下、灌丛中或山坡草地湿润处有分布。

细叶小苦荬 *Ixeridium gracile*

菊科　小苦荬属

别名:尖刀菜、细叶苦菜、粉苞苣

多年生草本;基生叶长椭圆形,茎生叶狭披针形;头状花序排成伞房状花序或伞房状圆锥花序,花冠黄色。昆明周边山坡草地、路旁或灌丛中有分布。

中华苦荬菜 *Ixeris chinensis*

菊科　苦荬菜属

别名：变色山苦菜、奶浆菜、鹅恋食

多年生草本；基生叶长椭圆形，茎生叶长披针形，羽状分裂；头状花序排成伞房状花序，花冠黄色。昆明周边山坡草地、路边或林下有分布。

翅果菊 *Lactuca indica*

菊科　莴苣属

别名：山莴苣、土人参

一年生或二年生草本；叶互生，羽状分裂；头状花序排成圆锥花序，舌状花，花冠黄色。昆明周边林缘、水沟边或路旁有分布。

翼齿六棱菊 *Laggera crispata*

菊科　六棱菊属

别名：臭灵丹、狮子草、归经草、野烟

多年生草本；茎单一，直立，边缘有不整齐的粗齿或细齿；叶互生，两面被毛；头状花序排成总状或近伞房状圆锥花序。昆明周边山坡草地有分布。

稻槎菜 *Lapsanastrum apogonoides*

菊科　稻槎菜属

别名：禾稿草

一年生矮小草本；叶莲座状丛生，羽状分裂；头状花序排成伞房状圆锥花序，舌状花黄色。昆明周边山坡草地有分布。

华火绒草 *Leontopodium sinense*

菊科　火绒草属

别名：蛾药、火把草、火草

多年生草本；茎密被灰白色绵毛；叶互生，线形，两面均被毛；头状花序。昆明周边林下或山坡有分布。

齿叶橐吾 *Ligularia dentata*

菊科　橐吾属

别名：禾叶尺、马蹄黄

多年生草本；叶片肾形，边缘有锯齿；伞房状或复伞房状花序，花黄色。昆明北郊摩天岭一带有分布。

牛蒡叶橐吾 *Ligularia lapathifolia*

菊科　橐吾属

别名：酸模叶橐吾、发罗海、大马蹄香

多年生草本；茎紫红色，被毛；叶片卵形，边缘有小齿，羽状叶脉；头状花序辐射状，舌状花黄色。昆明周边林下草地或草坡有分布。

大花鳞毛菊 *Melanoseris atropurpurea*

菊科　鳞毛菊属

别名:大花蓝岩参菊

多年生草本;茎单一,直立,疏被腺毛;叶椭圆形,羽状深裂或全裂,叶柄具翅;头状花序,多数于茎枝顶端排列成狭总状花序,花蓝色或蓝紫色。昆明周边林缘、灌丛中有分布。

圆舌粘冠草 *Myriactis nepalensis*

菊科　粘冠草属

别名：六星菊、山羊梅、尼泊尔千星菊

多年生草本；叶互生，长椭圆形；头状花序近球形，排列成伞房状花序。昆明周边山坡草地或路旁有分布。

毛连菜 *Picris hieracioides*

菊科　毛连菜属

别名：枪刀菜、补丁草、牛踏鼻

二年生草本；基生叶花期枯萎脱落，茎生叶长椭圆形；头状花序排成伞房状花序或伞房状圆锥花序，舌状花黄色。昆明周边林下、灌丛中或荒坡有分布。

兔耳一支箭 *Piloselloides hirsuta*

菊科　兔耳一支箭属

别名:一支香、小一支箭、金边兔耳

多年生被毛草本;叶基生,莲座状,全缘;头状花序单生于花葶顶端,雌花外层花冠舌状,内层花冠管状2唇形。昆明周边疏林或荒坡有分布。

鼠麴草 *Pseudognaphalium affine*

菊科　拟鼠麴草属

别名:清明菜、甘达八渣、清明粑

一年生草本;茎直立,密被白色绵毛;叶互生,匙状倒披针形,全缘,两面均被毛;头状花序于茎或枝先端密聚成伞房状花序。昆明周边山坡、路边有分布。

千里光 *Senecio scandens*

菊科　千里光属

别名：九里明

多年生攀缘草本；叶卵状披针形，边缘具齿；头状花序排成圆锥状聚伞花序，舌状花和管状花均为黄色。昆明周边林缘、灌丛或岩石边有分布。

毛梗豨莶 *Siegesbeckia glabrescens*

菊科　豨莶属

别名:棉仓狼、光豨莶

一年生草本;叶对生,表面被短糙毛,边缘有锯齿;头状花序排成圆锥花序。外来入侵植物,昆明周边山坡草地或疏林下有分布。

苣荬菜 *Sonchus wightianus*

菊科　苦苣菜属

别名：牛舌头、山苦荬

多年生草本；叶互生，羽状分裂，边缘具锯齿；头状花序排成伞房状花序，舌状花黄色。昆明周边山坡草地有分布。

昆明合耳菊 *Synotis cavaleriei*

菊科 合耳菊属

别名:昆明千里光、西南尾药菊

多年生近无茎草本;叶密集于花葶基部,莲座状叶;头状花序排成复伞房状花序,舌状花与管状花均为黄色。昆明周边多石山坡或溪边有分布。

蒲公英 *Taraxacum mongolicum*

菊科　蒲公英属

别名：黄花地丁、白鼓丁、孛孛丁

多年生草本；叶片边缘羽状裂，具白色乳汁；头状花序，舌状花黄色。昆明周边山坡草地、路边或河滩有分布。

斑鸠菊 *Vernonia esculenta*

菊科　斑鸠菊属

别名：菊花树、火烧叶、苦面花、鸡菊花

灌木或小乔木；叶互生，长圆状披针形；头状花序排成圆锥花序，花冠管状，粉红色、淡紫色或紫红色。昆明周边灌丛中、林缘或山坡路旁有分布。

羽裂黄鹌菜 *Youngia paleacea*

菊科　黄鹌菜属

别名：具苞鹌菜、稃苞黄鹌菜

多年生草本；叶基生，长椭圆形，羽状深裂；头状花序排成圆锥状伞房状花序，舌状花黄色。昆明周边山坡草地、溪边或路旁有分布。

滇水金凤 *Impatiens uliginosa*

凤仙花科　凤仙花属

别名：水金凤，金凤花

一年生草本；茎直立；叶互生，披针形；花紫红色，冠筒基部渐狭成内弯的距。昆明周边林下、水沟边潮湿处或小溪边有分布。

落葵薯 *Anredera cordifolia*

落葵科　落葵薯属

别名：藤三七、小年药、金钱珠、中枝莲

缠绕藤本；叶卵形至近圆形，腋生小块茎（珠芽）；总状花序，下垂，花白色。昆明各处均有分布。

中华秋海棠 *Begonia grandis* subsp. *sinensis*

秋海棠科　秋海棠属

别名：螃蟹七、蜈蚣七

多年生草本；叶互生，基部心形且偏斜；二歧聚伞花序，花两侧对称；蒴果3翅不等大。昆明周边山谷阴湿岩石上、山坡林下阴湿处有分布。

金花小檗 *Berberis wilsonae*

小檗科　小檗属

别名：刺黄连、三爪黄连、小叶三颗针

半常绿灌木；茎具刺；叶倒卵状匙形，背面被白粉；花黄色，辐射对称，簇生；浆果粉红色，球形。昆明周边石灰岩山坡、路边灌丛中有分布。

尼泊尔桤木 *Alnus nepalensis*

桦木科　桤木属

别名:旱冬瓜、蒙自桤木、冬瓜树

乔木;叶互生,倒卵形;雄花序呈圆锥状,下垂;小坚果。昆明周边湿润坡地或沟谷台地林中有分布。

滇榛 *Corylus yunnanensis*

桦木科　榛属

别名：榛子、猴核桃、坐打各

灌木或小乔木；叶厚纸质，宽卵形，互生；雄花序2~3枚排成总状；坚果被果苞所包，外面密被黄色绒毛和刺状腺体。昆明周边山坡有分布。

灰楸 *Catalpa fargesii*

紫葳科　梓属

别名：川楸

乔木；叶卵形，全缘；伞房状花序顶生，花淡红色至淡紫色，钟状，内面具紫色斑点；蒴果呈圆柱形，下垂。昆明周边庭院、路旁有栽培。

长蕊斑种草 *Antiotrema dunnianum*

紫草科　长蕊斑种草属

别名:狗舌草、黑阳参、铁打苗、土玄参

多年生草本;基生叶具长柄,匙形至狭椭圆形,茎生叶无柄;圆锥状花序,花蓝色,辐射对称;小坚果4,淡黄色。昆明周边山坡、草地、林下有分布。

云南斑种草 *Bothriospermum hispidissimum*

紫草科　斑种草属

别名：刚毛叠子草

二年生草本，全株密被伸展的刚毛；叶基生莲座状，蝎尾状花序，花冠蓝色，辐射对称；小坚果4。昆明周边路旁、杂木林中有分布。

倒提壶 *Cynoglossum amabile*

紫草科　琉璃草属

别名:狗屎花、一把抓、狗尿蓝花、牛舌头花

多年生草本;基生叶具长柄,茎生叶无柄,长圆披针形;聚伞花序,花蓝色,辐射对称。昆明周边林下、灌丛中、路旁有分布。

小花琉璃草 *Cynoglossum lanceolatum*

紫草科　琉璃草属

别名：小花倒提壶、饿蚂蝗、拦路虎

多年生草本；叶长圆状披针形；蝎尾状聚伞花序，花白色或淡蓝色，辐射对称；小坚果卵形，密生锚状刺。昆明周边山坡草地、林下、路旁有分布。

西南粗糠树 *Ehretia corylifolia*

紫草科　厚壳树属

别名：滇厚朴、豆浆果、黄杆楸

乔木；叶互生，卵形；聚伞花序呈圆锥状，密被短柔毛，花白色；核果近球形，绿色转黄色至橙色。昆明周边林下、路旁有分布。

密花滇紫草 *Onosma confertum*

紫草科　滇紫草属
别名:滇紫草

多年生草本,全株密被硬毛或短伏毛;圆锥状花序,花红色或紫色。昆明周边草坡或石砾中有分布。

聚合草 *Symphytum officinale*

紫草科　聚合草属

别名：友谊草、爱国草

丛生型多年生草本，全株被硬毛或短伏毛；叶卵状披针形；花色多变，淡紫色、紫红色至黄白色。昆明周边有栽培或逸生。

毛脉附地菜 *Trigonotis microcarpa*

紫草科　附地菜属

别名：小果附地菜、艳肠草、鸡肠草

多年生草本；叶互生，卵圆形；蝎尾状花序，花蓝色、蓝紫色或白色；小坚果4，亮褐色。昆明周边灌木丛中、路旁、林下或草坡有分布。

荠 *Capsella bursa-pastoris*

十字花科　荠属

别名：铲铲菜、荠荠菜

一年或二年生草本；叶基生呈莲座状，羽状分裂；总状花序，花白色；短角果倒三角状。昆明周边路旁或山坡有分布。

碎米荠 *Cardamine hirsuta*

十字花科　碎米荠属

别名:白带草、见肿消

一年生小草本;奇数羽状复叶;总状花序,花白色;长角果狭线形。昆明周边山坡、路旁或草丛中有分布。

臭荠 *Coronopus didymus*

十字花科　臭荠属

别名：臭菜、臭蒿子

一年或二年生匍匐草本；叶羽状分裂；总状花序；短角果肾形。昆明周边路旁或荒坡有分布。

独行菜 *Lepidium apetalum*

十字花科　独行菜属

别名:辣辣菜、腺茎独行菜、地合米

一年或二年生草本;基生叶窄匙形,一回羽状浅裂或深裂;总状花序;短角果近圆形,扁平。昆明周边山坡、山沟或路旁有分布。

豆瓣菜 *Nasturtium officinale*

十字花科　豆瓣菜属

别名：西洋菜、水田芥、无心菜

多年生水生草本；单数羽状复叶；总状花序顶生，花白色；长角果圆柱形，扁平。昆明周边水沟、河边有分布。

蔊菜 *Rorippa indica*

十字花科　蔊菜属

别名：鸡肉菜、辣米菜、菜子七

一年生或二年生直立草本；叶互生，基生叶和茎下部叶有长柄，羽状分裂；总状花序，花黄色；长角果细圆柱形。昆明周边山坡或路旁有分布。

板凳果 *Pachysandra axillaris*

黄杨科　板凳果属

别名：金丝矮陀、草本叶上花、粉蕊木

亚灌木；叶互生，形状不一；穗状花序，花白色或蔷薇色；果成熟时黄色或红色，球形。昆明周边山坡、林下或沟边有分布。

野扇花 *Sarcococca ruscifolia*

黄杨科　野扇花属

别名：滇香桂、野樱桃、万年青、花子藤

灌木；叶互生，椭圆状披针形；总状花序腋生，花白色，芳香；果球形，成熟时猩红色。昆明周边杂木林下有分布。

梨果仙人掌 *Opuntia ficus-indica*

仙人掌科　仙人掌属

别名：仙桃、霸王树、大型宝剑

肉质灌木或小乔木，具刺刚毛；叶锥形，早落；花辐状，深黄色、橙黄色或橙红色。昆明周边有栽培或逸生。

昆明沙参 *Adenophora stricta* subsp. *confusa*

桔梗科　沙参属

别名:沙参、杏叶沙参、泡参

多年生草本,有乳汁;叶互生,边缘有锯齿;花序常不分枝而成假总状花序,花冠钟状,深蓝色。昆明周边开旷山坡草地或林下有分布。

球果牧根草 *Asyneuma chinense*

桔梗科　牧根草属

别名：土沙参、喉结草、兰花参

多年生草本；叶缘有锯齿；穗状花序少花，花紫色或鲜蓝色，辐射对称。昆明周边山坡草地或林下有分布。

西南风铃草 *Campanula pallida*

桔梗科　风铃草属

别名：岩兰花、土桔梗、俄胜利莫

多年生草本；叶互生；花单生茎顶，花冠钟状，蓝紫色，辐射对称。昆明周边山坡、草地或林缘有分布。

大花金钱豹 *Campanumoea javanica*

桔梗科　金钱豹属

别名：土党参、风铃藤、浮萍参

草质缠绕藤本，具乳汁；叶对生，极少互生，花单朵生于叶腋，花冠钟状，外面淡黄绿色，内面下部紫色；浆果近球形，黑紫色。昆明周边山坡草地或灌丛中有分布。

鸡蛋参 *Codonopsis convolvulacea*

桔梗科　党参属

别名：白地瓜、牛尾参、金线吊葫芦

缠绕草本，有白色乳汁；叶互生或对生；花单生于主茎及侧枝顶端，花蓝色，辐射对称。昆明周边山坡草地或灌丛中有分布。

胀萼蓝钟花 *Cyananthus inflatus*

桔梗科　蓝钟花属

别名：风药

一年生草本；叶互生，菱形，两面被疏柔毛；花通常单朵顶生，筒状钟形，淡蓝色，辐射对称，内面及裂片具髯毛。昆明周边山坡灌丛中或草坡有分布。

江南山梗菜 *Lobelia davidii*

桔梗科　半边莲属

别名：江南大将军、白苋菜、节节花

多年生草本；茎直立；叶螺旋状排列；总状花序顶生，花冠紫红色，近2唇形；蒴果球形。昆明周边路边灌丛中或草坡有分布。

铜锤玉带草 *Lobelia nummularia*

桔梗科　半边莲属

别名：红头带、地钮子、米汤果

多年生草本，有白色乳汁；叶互生；花单生，花冠筒檐部2唇形；浆果椭圆状球形，紫红色。昆明周边湿草地或溪沟边有分布。

蓝花参 *Wahlenbergia marginata*

桔梗科　蓝花参属

别名:娃儿菜、拐棒参、毛鸡腿、牛奶草

多年生草本,有白色乳汁;叶互生,无柄;单花顶生,花冠钟状,蓝色,辐射对称;蒴果倒圆锥形,顶端3瓣开裂。昆明周边山坡草地或疏林下有分布。

大麻 *Cannabis sativa*

大麻科　大麻属

别名：状元红、火麻、线麻

一年生草本；茎粗壮直立；叶掌状全裂，裂片披针形，边缘具粗锯齿；花黄绿色；瘦果果皮坚脆，外面具褐色细网纹。昆明周边路边、撂荒地有分布。

野香橼花 *Capparis bodinieri*

山柑科　山柑属

别名：猫胡子花、小毛毛花

灌木或小乔木，枝上有刺；叶互生；花腋生于叶腋，白色；果球形，成熟时黑色。昆明周边石灰岩山坡道旁、灌丛中或次生森林中有分布。

小叶六道木 *Abelia uniflora*

忍冬科　六道木属

别名：鸡肚子、鸡壳肚花、棵棵兜

落叶灌木；叶对生，有时3叶轮生，两面疏被糙毛和腺毛；花粉红至紫红色，狭钟形，昆明周边山坡灌丛中、草地、林缘或路旁有分布。

鬼吹箫 *Leycesteria formosa*

忍冬科　鬼吹箫属

别名：风吹箫、空心木、来色木

灌木，茎中空；穗状花序顶生或腋生，下垂，花白色或粉红色，漏斗状；果卵状球形，红色，后转为紫黑色，被腺毛。昆明周边山坡、林下或溪边有分布。

亮叶忍冬 *Lonicera ligustrina* var. *yunnanensis*

忍冬科　忍冬属

别名：对结子、黄杨叶忍冬

常绿或半常绿灌木；叶对生；花冠黄白色或紫红色，漏斗状；果实先紫红色，后转为黑色。昆明周边山坡林下或灌木丛中有分布。

金银忍冬 *Lonicera maackii*

忍冬科　忍冬属

别名:鸡骨头树、金银木、胯肥树

落叶灌木;叶对生;花先白色,后转为黄色,芳香;果球形,成熟时暗红色,半透明。昆明周边路边向阳处或疏林林缘有分布。

水红木 *Viburnum cylindricum*

忍冬科　荚蒾属

别名：灰叶子树、黑油果、揉揉白

常绿灌木或小乔木；叶对生，揉之出现白色斑痕；聚伞花序伞形，花冠白色或有红晕；核果先红色，后转为紫黑色。昆明周边林下有分布。

珍珠荚蒾 *Viburnum foetidum* var. *ceanothoides*

忍冬科　荚蒾属

别名：冷饭果、老米酒、莲粉果

常绿灌木；叶对生，倒楔形；复伞式聚伞花序，花白色，辐射对称；核果卵状椭圆形，淡红色。昆明周边山坡林下或灌丛中有分布。

无心菜 *Arenaria serpyllifolia*

石竹科　无心菜属

别名:蚤缀、鹅不食草、铃铃草

一年生或二年生草本,呈铺散状,密生白色柔毛;叶对生,卵形;聚伞花序,花白色,辐射对称。昆明周边林下、灌丛中、路旁或河边有分布。

簇生卷耳 *Cerastium fontanum* subsp. *vulgare*

石竹科　卷耳属

别名:簇生泉卷耳

一、二年生或多年生草本,近直立,被白色短柔毛和腺毛;叶对生;聚伞花序顶生;蒴果狭圆筒形,常弯曲。昆明周边灌丛中、草坡或路旁有分布。

鹅肠菜 *Myosoton aquaticum*

石竹科　鹅肠菜属

别名:牛繁缕、抽筋草、鹅儿肠

二年生或多年生草本;叶对生,卵形;顶生二歧聚伞花序,花瓣5,白色,2深裂;蒴果卵球形。昆明周边林下坡地或路旁有分布。

漆姑草 *Sagina japonica*

石竹科　漆姑草属

别名:珍珠菜、羊毛草、瓜槌草

一年生小草本;叶对生,线形;单花顶生,花小,白色,辐射对称;蒴果卵球形。昆明周边路旁或山坡草地有分布。

狗筋蔓 *Silene baccifera*

石竹科　蝇子草属

别名：白牛膝、抽筋草、筋骨草

多年生草本；叶对生；圆锥花序疏松，花白色，辐射对称；蒴果圆球形，呈浆果状，成熟时黑色。昆明周边山坡草地、路旁或林缘有分布。

粘萼蝇子草 *Silene viscidula*

石竹科　蝇子草属

别名：滇白前、洱源瓦草、金柴胡

多年生草本；叶对生，无柄；多歧聚伞花序顶生，花瓣紫红色、粉红色或白色。昆明周边林下灌丛中或草丛中有分布。

大爪草 *Spergula arvensis*

石竹科　大爪草属

别名：无

一年生草本；叶线形，假轮生状；聚伞花序，花小，白色，辐射对称。外来入侵植物，昆明周边水边或草地有分布。

繁缕 *Stellaria media*

石竹科　繁缕属

别名：鹅肠草、鸡儿肠、鸡肠草

一年生或二年生草本；叶对生，卵形；疏聚伞花序顶生，花白色，辐射对称；昆明周边路旁、林下或山坡均有分布。

大花卫矛 *Euonymus grandiflorus*

卫矛科　卫矛属

别名:滇桂、公鸡果、野杜仲

灌木或乔木;叶对生;花黄白色,花瓣4;蒴果四棱状,黄褐色至红褐色;种子黑红色,有光泽,基部具橘黄色假种皮。昆明周边山坡林缘有分布。

被子裸实 *Gymnosporia royleana*

卫矛科　裸实属

别名:被子美登木

多刺灌木,刺粗壮;叶互生;聚伞花序,花辐射对称;蒴果倒三角状。昆明周边干旱河谷灌丛坡地有分布。

雷公藤 *Tripterygium wilfordii*

卫矛科　雷公藤属

别名：菜虫树、断肠草、昆明山海棠

藤状灌木；叶互生，椭圆形，边缘具细锯齿；聚伞圆锥花序，花白色；果实具翅，长圆形。昆明周边林下坡地有分布。

金鱼藻 *Ceratophyllum demersum*

金鱼藻科　金鱼藻属

别名：灯笼丝、松藻、混草

多年生沉水草本；叶丝状，4~12枚轮生；花小，直径约2毫米，浅绿色；果实黑色，有3刺。昆明周边池塘、河沟有分布。

千针苋 *Acroglochin persicarioides*

藜科　千针苋属

别名：刺苋、野麻

一年生草本；叶互生，卵形，边缘有锯齿；二歧聚伞花序腋生；种子黑色，光滑且具光泽。昆明周边路旁或山坡草地有分布。

藜 *Chenopodium album*

藜科 藜属

别名：灰条菜、灰菜、回回菜

一年生草本；叶互生，边缘具不整齐锯齿；穗状圆锥花序或圆锥花序。昆明周边路旁、山坡草丛中或田边有分布。

土荆芥 *Dysphania ambrosioides*

藜科　刺藜属

别名：臭草、汽油草、杀虫芥

一年生或多年生草本；叶互生，边缘具不整齐的大锯齿；穗状花序，花生于叶腋。外来入侵植物，昆明周边路旁或江边向阳处有分布。

蓝耳草 *Cyanotis vaga*

鸭跖草科　蓝耳草属

别名:苍山贝母、鸡冠参、露水草

多年生披散草本;叶线形至披针形;蝎尾状聚伞花序顶生,花瓣3枚,蓝色;花丝上部密被蓝色绵毛。昆明周边山坡、草地或疏林下有分布。

树头花 *Murdannia stenothyrsa*

鸭跖草科　水竹叶属

别名：太子参

多年生草本；叶线形；聚伞花序，花大，花瓣3，紫色或蓝色；蒴果卵状三棱形。昆明周边开旷山坡或杂木林下有分布。

竹叶吉祥草 *Spatholirion longifolium*

鸭跖草科　竹叶吉祥草属

别名：白龙须、马耳朵草、缠百合、秦归

多年生缠绕草本；叶披针形；圆锥花序，花紫色或白色。昆明周边山坡草地、溪旁或山谷林下有分布。

竹叶子 *Streptolirion volubile*

鸭跖草科　竹叶子属

别名：扁担菜、嘎哈拉吉、旱鸭娃草

多年生攀援草本；叶心形，顶端尾尖；蝎尾状聚伞花序排成圆锥花序，花瓣白色或淡紫色，花丝密被绵毛。昆明周边山谷或林下有分布。

打碗花 *Calystegia hederacea*

旋花科　打碗花属

别名：老母猪草、兔耳草、盘肠参、燕覆子

一年生草本；叶戟形；单花腋生，花淡紫色或淡红色，钟状，辐射对称。昆明周边山坡及城区路边有分布。

金灯藤 *Cuscuta japonica*

旋花科　菟丝子属

别名：飞来花、日本菟丝子、没娘藤

一年生寄生缠绕草本；无叶子；穗状花序，花淡红色或绿白色，辐射对称；蒴果卵球形。昆明周边山坡及路边有分布，寄生于草本或灌木上。

飞蛾藤 *Dinetus racemosus*

旋花科　飞蛾藤属

别名：白花藤、六甲、马郎花

一年生草本；叶卵形；圆锥花序腋生，花漏斗状，白色，管部带黄色，辐射对称。昆明周边石灰岩山地或灌丛中有分布。

圆叶牵牛 *Ipomoea purpurea*

旋花科　番薯属

别名：喇叭花、牵牛花、连簪簪

一年生缠绕草本；叶圆心形；花腋生，漏斗状，辐射对称，且颜色多样，有粉色、蓝色、白色等。外来入侵植物，昆明周边山坡及城区路边有分布。

山土瓜 *Merremia hungaiensis*

旋花科　鱼黄草属

别名：滇土瓜、红土瓜、山萝卜

多年生缠绕草本；叶椭圆形；聚伞花序腋生，花黄色，漏斗状，辐射对称。昆明周边山坡灌丛中或松林下有分布。

马桑 *Coriaria nepalensis*

马桑科　马桑属

别名：千年红、野马桑、乌龙须

灌木；叶对生，基出3脉；总状花序腋生；果球形，成熟后红色至紫黑色，有毒。昆明周边山坡灌丛中有分布。

头状四照花 *Cornus capitata*

山茱萸科　山茱萸属

别名：野荔枝、乌都鸡、鸡嗉果、山覆盆

常绿乔木；叶对生；头状花序球形，苞片4枚，倒卵形，幼时绿色，成熟后转为白色，后转至黄色；果序扁球形。昆明周边山坡疏林下或灌丛中有分布。

昆明红景天 *Rhodiola liciae*

景天科　红景天属

别名：丽西红景天、扇叶景天

多年生草本；叶互生，菱形或菱状匙形；花序伞房状，花瓣5，白色。昆明周边山坡石灰岩上有分布。

多茎景天 *Sedum multicaule*

景天科　景天属

别名：滇瓦松、岩如意

多年生草本；叶互生，覆瓦状排列；聚伞花序有数个蝎尾状分枝，花瓣5，黄色，辐射对称。昆明周边林下、灌丛中或草地的石缝间有分布。

石莲 *Sinocrassula indica*

景天科　石莲属

别名：堆山花

二年生草本；基生叶莲座状，肉质；花序圆锥状或近伞房状，花瓣5，粉红色、红色或紫红色，辐射对称。昆明周边灌丛中或沟边、路旁的岩石缝隙中有分布。

绞股蓝 *Gynostemma pentaphyllum*

葫芦科　绞股蓝属

别名：白味莲、甘茶曼

草质藤本；叶鸟足状，边缘具锯齿；圆锥花序，花淡绿色，辐射对称；浆果，成熟时黑色。昆明周边山坡疏林下、林缘或灌丛较为阴湿处有分布。

曲莲 *Hemsleya amabilis*

葫芦科　雪胆属

别名：小蛇莲、蛇莲、雪胆

多年生攀援草本；趾状复叶，边缘具锯齿；聚伞总状花序，花浅黄绿色，辐射对称；果近球形，密布疣状瘤突。昆明周边山坡杂木林下或灌丛中有分布。

茅瓜 *Solena heterophylla*

葫芦科　茅瓜属

别名：老鼠拉冬瓜、银丝莲、野黄瓜

攀援草本；单叶互生，叶形多变；雌雄异株，雄花伞房状花序，雌花单生于叶腋，花冠黄色。昆明周边林下或灌丛中有分布。

异叶赤爮 *Thladiantha hookeri*

葫芦科　赤爮属

别名：土瓜赤爮、粗茎罗锅底

攀援草本；单叶或鸟足状复叶；雌雄异株，雄花序总状，雌花单生，黄色。昆明周边山坡林下或灌丛中有分布。

钮子瓜 *Zehneria bodinieri*

葫芦科 马㼎儿属

别名：野杜瓜、天罗网、大树献钮子

草质藤本；单叶互生，宽卵形；雌雄同株，花冠白色，5裂，辐射对称；果球形或卵形。昆明周边山坡或路旁灌丛中极为常见。

干香柏 *Cupressus duclouxiana*

柏科　柏木属

别名:云南柏

乔木;叶鳞形,交叉对生,蓝绿色;果球形,被白粉。昆明周边山坡有分布。

昆明柏 *Juniperus gaussenii*

柏科　刺柏属

别名：无

多年生灌木或小乔木；叶全为刺形，交叉对生或3叶交叉轮生；球果卵圆形，常被白粉，成熟时蓝黑色。昆明周边山坡有分布。

侧柏 *Platycladus orientalis*

柏科　侧柏属

别名：扁柏、香柏

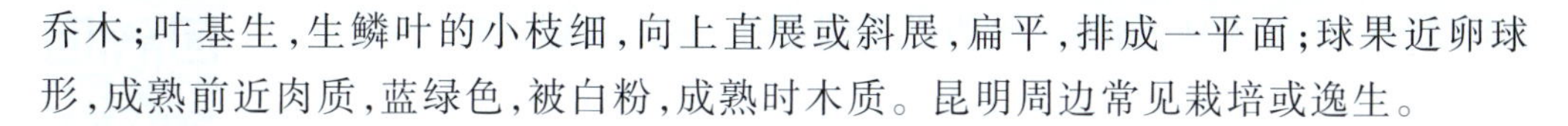

乔木；叶基生，生鳞叶的小枝细，向上直展或斜展，扁平，排成一平面；球果近卵球形，成熟前近肉质，蓝绿色，被白粉，成熟时木质。昆明周边常见栽培或逸生。

丝叶球柱草 *Bulbostylis densa*

莎草科　球柱草属

别名：黄毛草、猫尾草

一年生草本；叶基生，线形；小穗无柄，顶生。昆明周边潮湿处、路边或林下有分布。

浆果薹草 *Carex baccans*

莎草科　薹草属

别名:山稗子

多年生草本;叶基生和秆生,长于秆,扁平;圆锥花序复出,小穗多数;果囊近球形,成熟时鲜红色或紫红色。昆明周边林下、山谷或灌丛中有分布。

云雾薹草 *Carex nubigena*

莎草科　薹草属

别名:无

多年生草本;秆丛生,三棱形;穗状花序,小穗多数。昆明周边山谷溪旁和林下湿地有分布。

砖子苗 *Cyperus cyperoides*

莎草科　莎草属

别名：滇西莎草、砖子草

秆散生或疏丛生；长侧枝聚伞花序复出，有辐射枝顶端穗状花序。昆明周边山坡阳处、路旁草地或溪边有分布。

异型莎草 *Cyperus difformis*

莎草科　莎草属

别名：鹅五子、红头草

一年生草本；秆丛生，叶短于秆；聚伞花序，小穗密集生于顶端成球形的头状花序。昆明周边水边潮湿处有分布。

碎米莎草 *Cyperus iria*

莎草科　莎草属

别名:见骨草

一年生草本;秆丛生;长侧枝聚伞花序复出,有辐射枝顶端穗状花序。昆明周边山坡、路旁等阴湿处有分布。

云南荸荠 *Eleocharis yunnanensis*

莎草科　荸荠属

别名：滇针蔺

多年生草本，丛生或密丛生；无叶片；小穗单一直立顶生。昆明周边山谷或溪边有分布。

两歧飘拂草 *Fimbristylis dichotoma*

莎草科　飘拂草属

别名：黑关节

秆丛生；叶线形；长侧枝聚伞花序复出，小穗单生于辐射枝顶端。昆明周边溪边、山谷疏林林缘等湿润处或草地有分布。

独穗飘拂草 *Fimbristylis ovata*

莎草科　飘拂草属

别名：卵形飘拂草

秆丛生，纤细；叶狭窄，短于秆；小穗单个顶生，卵形、椭圆形或长圆状卵形。昆明周边荒地或草坡有分布。

喜马拉雅嵩草 *Kobresia royleana*

莎草科　嵩草属

别名：细果嵩草

多年生草本，秆密丛生或疏丛生，三棱形；叶基生，短于秆，扁平；圆锥花序紧缩成穗状。昆明周边海拔较高处山坡草甸有分布。

短叶水蜈蚣 *Kyllinga brevifolia*

莎草科　水蜈蚣属

别名：白顶草、草含珠

多年生草本；秆成列地散生；穗状花序单个，球形或卵球形，具多个小穗。昆明周边山坡、路旁草丛中或溪边有分布。

球穗扁莎 *Pycreus flavidus*

莎草科　扁莎属

别名:黄毛扁莎

秆丛生;小穗近四棱形,聚于辐射枝上呈球形;鳞片黄褐色、红褐色或暗紫红色。昆明周边沟边或溪边潮湿处有分布。

水毛花 *Schoenoplectus mucronatus* subsp. *robustus*

莎草科　水葱属

别名:无

秆丛生,无叶片;小穗聚集成头状,卵形。昆明周边池塘边或沼泽有分布。

粘山药 *Dioscorea hemsleyi*

薯蓣科　薯蓣属

别名：山药、粘渣渣、盛末花

缠绕草质藤本；茎左旋；叶互生，卵状心形；聚伞花序排成穗状花序；蒴果。昆明周边山坡、沟谷、灌丛中或草地有分布。

毛芋头薯蓣 *Dioscorea kamoonensis*

薯蓣科　薯蓣属

别名：防风党参、过钩藤、滇白药子

缠绕草质藤本；掌状复叶，互生，叶腋具球形珠芽；雄花序簇生叶腋或成圆锥花序，雌花序常对生叶腋，黄绿色。昆明周边山坡林缘或灌丛中有分布。

黑珠芽薯蓣 *Dioscorea melanophyma*

薯蓣科　薯蓣属

别名:粘黏黏、白药子、黑弹子

缠绕草质藤本;掌状复叶互生;叶腋及花序苞叶具黑色珠芽;雄花序总状或排列成圆锥状,雌花序穗状。昆明周边草坡、林缘或灌丛中有分布。

毛胶薯蓣 *Dioscorea subcalva*

薯蓣科　薯蓣属

别名：牛尾参、野山药、黄山药

缠绕草质藤本；叶片卵状心形；雄花序聚伞花序，雌花序穗状花序，花绿色；蒴果向上反折。昆明周边疏林、林缘或灌丛中有分布。

川续断 *Dipsacus asper*

川续断科　川续断属

别名：和尚头、鼓锤草

多年生草本；叶羽状裂，背面沿脉被刺毛；头状花序，花冠淡黄色或白色。昆明周边山坡、草地或林边灌丛中有分布。

茅膏菜 *Drosera peltata*

茅膏菜科　茅膏菜属

别名：苍绳网、石龙牙草

食虫植物，多年生草本，有紫红液汁；叶半圆形或半月形，边缘具头状粘腺毛；螺状聚伞花序顶生，花白色、淡红色或红色。昆明周边山坡灌丛中、草地或松林下有分布。

君迁子 *Diospyros lotus*

柿树科　柿属

别名:黑枣

落叶乔木;叶互生,椭圆形;花腋生,坛状,粉红色;果球形,成熟时蓝黑色,外面有白蜡层。昆明周边山坡、山谷或路旁有分布,也有栽培。

牛奶子 *Elaeagnus umbellata*

胡颓子科　胡颓子属

别名：甜枣、羊奶果

落叶直立灌木；叶互生，背面密被鳞片；花先叶开放，黄白色，芳香；果近球形，成熟时红色。昆明周边河边或荒坡灌丛中有分布。

喜冬草 *Chimaphila japonica*

杜鹃花科　喜冬草属

别名:梅笠草、爱冬叶

常绿半灌木状草本;叶对生或轮生,边缘具锯齿;花单生,白色;果扁球形。昆明周边松林或阔叶林下有分布。

云南金叶子 *Craibiodendron yunnanense*

杜鹃花科　金叶子属

别名：疯姑娘、云南泡花树、毒羊叶

灌木或小乔木；叶互生，全缘；圆锥花序，花冠钟形，淡黄白色；蒴果球形，具5棱。昆明周边干燥向阳处有分布。

滇白珠 *Gaultheria leucocarpa* var. *yunnanensis*

杜鹃花科　白珠树属

别名：黑油果、透骨草

常绿灌木；叶互生，革质，芳香，卵状长圆形，边缘具锯齿；总状花序腋生，花冠钟状，白绿色；浆果状蒴果球形，黑色。昆明周边干燥山坡或灌丛中有分布。

珍珠花 *Lyonia ovalifolia*

杜鹃花科　珍珠花属

别名：乌饭草、米饭花、饱饭花

常绿或落叶灌木或小乔木；叶互生，椭圆形或卵形，全缘；总状花序腋生，花冠圆筒状，白色，芳香；蒴果球形。昆明周边山坡疏林下或灌丛中有分布。

毛叶珍珠花 *Lyonia villosa*

杜鹃花科　珍珠花属

别名：毛叶米饭花、小豆柴、亮子药、西域桂木

灌木或小乔木；叶互生，两面疏被柔毛，全缘且略反卷；总状花序腋生，花冠圆筒状至坛状，乳黄色。昆明周边山坡有分布。

松下兰 *Monotropa hypopitys*

杜鹃花科　水晶兰属

别名：锡仗花、地花、土花

多年生腐生草本，白色或淡黄色；叶鳞片状，互生；总状花序，初时下垂，后渐直立，花冠筒状钟形，淡黄色。昆明周边山坡林下有分布。

水晶兰 *Monotropa uniflora*

杜鹃花科　水晶兰属

别名：台湾锡仗花、梦兰花、水兰花

多年生腐生草本，白色；叶鳞片状，肉质，互生；花单一，顶生，筒状钟形，白色。昆明周边山坡林下有分布。

蔭生沙晶兰 *Monotropastrum sciaphilum*

杜鹃花科　沙晶兰属

别名:无

多年生腐生草本,白色或淡黄色;叶鳞片状;总状花序,花管状钟形,白色或淡黄色。昆明周边常绿阔叶林下有分布。

美丽马醉木 *Pieris formosa*

杜鹃花科　马醉木属

别名：珍珠花、沙拉各、兴山马醉木

常绿灌木或小乔木；叶互生，边缘具锯齿，密集生于枝顶；圆锥花序顶生，花冠坛状，白色或淡粉色。昆明周边干燥山坡或林下有分布。

普通鹿蹄草 *Pyrola decorata*

杜鹃花科　鹿蹄草属

别名:鹿衔草、罗汉草、卵叶鹿蹄草

多年生常绿草本;叶近基生,叶脉白色或淡绿色;总状花序,花乳白色,花柱较长,上部弯曲。昆明周边山坡林下有分布。

大白杜鹃 *Rhododendron decorum*

杜鹃花科　杜鹃属

别名：大白花、索玛花

常绿灌木或小乔木；叶互生，厚革质，具凸尖头；总状伞房花序，花冠宽漏斗状钟形，白色或淡红色，芳香。昆明周边山坡林下或灌丛中有分布。

马缨杜鹃 *Rhododendron delavayi*

杜鹃花科　杜鹃属

别名：马缨花、山茶花

常绿灌木或小乔木；叶互生；伞形花序顶生，花冠钟形，深红色。昆明周边常绿阔叶林或松林下有分布。

亮毛杜鹃 *Rhododendron microphyton*

杜鹃花科　杜鹃属

别名:酒瓶花

常绿直立灌木;叶互生;伞形花序,花冠管狭圆筒形,蔷薇色。昆明周边山坡灌丛中或林下有分布。

云上杜鹃 *Rhododendron pachypodum*

杜鹃花科　杜鹃属

别名：白豆花、波瓣杜鹃

灌木；叶互生，背面密被褐色鳞片；花序顶生，花冠宽漏斗状，白色，内面有淡黄色斑块。昆明周边干燥山坡灌丛中或杂木林下有分布。

碎米花 *Rhododendron spiciferum*

杜鹃花科　杜鹃属

别名：毛叶杜鹃、碎米花杜鹃

小灌木，多分枝；叶散生枝上，长圆状披针形，边缘反卷，两面均被毛；短总状花序，花冠漏斗状，粉红色，外面疏生腺鳞。昆明周边山坡灌丛中、林缘有分布。

爆杖花 *Rhododendron spinuliferum*

杜鹃花科　杜鹃属

别名:密通花

常绿灌木;叶散生,椭圆状倒披针形,先端具短尖头,背面具灰白色柔毛和鳞片;花冠朱红色或橙红色,筒状,外面常无毛、无鳞片。昆明周边松栎林下有分布。

云南越桔 *Vaccinium duclouxii*

杜鹃花科　越桔属

别名:大花乌饭树

常绿灌木或小乔木;叶互生,边缘有细锯齿;花坛形,白色或淡红色;浆果成熟时紫黑色。昆明周边山坡灌丛中或山地林下有分布。

乌鸦果 *Vaccinium fragile*

杜鹃花科　越桔属

别名:老鸦泡、老鸦果

常绿矮小灌木;叶革质,边缘有齿或刚毛;总状花序,花白色至淡红色;浆果绿色变红色,成熟时紫黑色。昆明周边林下或草坡有分布。

铁苋菜 *Acalypha australis*

大戟科　铁苋菜属

别名：海蚌含珠、蚌壳草、布口袋

一年生草本；叶互生，基出脉3条；雄花序穗状或头状。昆明周边山坡草地、林下或石灰岩疏林下有分布。

南欧大戟 *Euphorbia peplus*

大戟科　大戟属

别名：膜叶大戟

一年生草本；叶对生，倒卵形或匙形，叶柄极短或无；总苞杯状，边缘4裂，具睫毛，腺体4，新月形，顶端有两角，黄绿色；花序单生于二歧分枝顶端；蒴果三棱状球形。昆明周边路旁、草地有分布。

土瓜狼毒 *Euphorbia prolifera*

大戟科　大戟属

别名：大萝卜、鸡肠狼毒

多年生草本；叶互生，线状长圆形；总苞叶4~6枚，阔钟状；蒴果卵球形。昆明周边沟边、草坡或林下有分布。

黄苞大戟 *Euphorbia sikkimensis*

大戟科　大戟属

别名：粉背刮金板

多年生草本；叶互生，长椭圆形；总苞叶黄色，钟状；蒴果球形。昆明周边山坡、疏林下或灌丛中有分布。

尾叶雀舌木 *Leptopus clarkei*

大戟科　雀舌木属

别名:长叶雀舌、勾多猛

直立灌木;叶互生,顶端尾状渐尖;花雌雄同株,辐射对称,花梗纤细。昆明周边山坡疏林下或灌木丛中有分布。

滇藏叶下珠 *Phyllanthus clarkei*

大戟科　叶下珠属

别名：小喉甘、思茅叶下珠

灌木；叶互生，倒卵形；花单生于叶腋，雌雄同株，辐射对称；蒴果圆球形，红色。昆明周边山地疏林下或河边沙地灌丛中有分布。

蓖麻 *Ricinus communis*

大戟科　蓖麻属

别名：巴麻子

一年生粗壮草本或草质灌木，常被白霜；茎有液汁；叶掌裂；总状花序或圆锥花序，花柱红色；蒴果卵球形，常被软刺。外来入侵植物，昆明周边各处有栽培或逸生。

乌桕 *Triadica sebifera*

大戟科　乌桕属

别名：红心树、榇白树、乌果树

乔木，有乳汁；叶互生，菱形或阔卵形；总状花序；蒴果梨状球形，成熟时黑色。昆明周边山坡疏林下有分布，昆明周边有栽培或逸生。

油桐 *Vernicia fordii*

大戟科　油桐属

别名:桐油树、虎子桐、木海棠

落叶乔木;叶互生,卵圆形;聚伞花序排成伞房状圆锥花序,花瓣白色,有淡红色脉纹;核果近球形。油料植物,昆明周边丘陵山坡有种植或逸生。

银荆 *Acacia dealbata*

豆科　金合欢属

别名：鱼骨松、圣诞树、银荆树

无刺灌木或小乔木；羽状复叶，银灰色至淡绿色；腋生总状花序或顶生圆锥花序，花黄色；荚果长圆形，被白霜，红棕色或褐色。原产澳大利亚，昆明周边有栽培并有逸生。

毛叶合欢 *Albizia mollis*

豆科　合欢属

别名：大毛毛花、滇合欢

乔木；羽状复叶，两面均被柔毛；头状花序排成圆锥花序，花白色；荚果带状。昆明周边山坡向阳处或疏林下有分布。

锈毛两型豆 *Amphicarpaea ferruginea*

豆科　两型豆属

别名:无

多年生草质藤本;茎密被黄褐色长柔毛;叶具羽状3小叶;总状花序,花红色至紫蓝色;荚果椭圆形,被黄褐色柔毛。昆明周边山坡林下有分布。

肉色土圞儿 *Apios carnea*

豆科　土圞儿属

别名：鸡嘴花、满塘红、山红豆花

缠绕藤本；奇数羽状复叶，互生；总状花序腋生，花冠肉红色、淡紫红色或橙红色，两侧对称。昆明周边沟谷杂木林下或路旁有分布。

地八角 *Astragalus bhotanensis*

豆科　黄耆属

别名：不丹黄芪、地皂角

多年生草本；羽状复叶，小叶对生；总状花序排列成头状，花紫红色，两侧对称。昆明周边林下坡地或河边有分布。

紫云英 *Astragalus sinicus*

豆科　黄耆属

别名：沙蒺藜、马苕子

二年生草本；奇数羽状复叶；总状花序呈伞形，花紫色，两侧对称。昆明周边路旁、草地、溪边或旷野中有分布。

鞍叶羊蹄甲 *Bauhinia brachycarpa*

豆科　羊蹄甲属

别名：蝴蝶凤、桑角子

直立或攀援小灌木；叶圆形，顶端裂至中部；伞房式总状花序，花白色，两侧对称；荚果条状披针形。昆明周边山坡灌丛中有分布。

云实 *Caesalpinia decapetala*

豆科　云实属

别名：老虎刺、药王子、牛王刺

藤本，枝有刺；二回羽状复叶，小叶对生，先端微凹；总状花序，花瓣5，黄色；荚果长圆形。昆明周边山坡灌丛中或河边有分布。

滇桂鸡血藤 *Callerya bonatiana*

豆科　鸡血藤属

别名：滇桂崖豆藤

木质藤本；羽状复叶，托叶针刺状；总状花序，花淡紫色，两侧对称；荚果线状长圆形，密被灰褐色绒毛。昆明周边山坡溪谷灌丛中或疏林下有分布。

小雀花 *Campylotropis polyantha*

豆科　杭子梢属

别名：多花杭子梢、小脚花、大红袍

灌木；羽状复叶，具3小叶；总状花序排成圆锥花序，花粉红色、淡红紫色或近白色。昆明周边向阳地的灌丛中、沟边、林边或山坡草地有分布。

锦鸡儿 *Caragana sinica*

豆科　锦鸡儿属

别名：白鲜皮、娘娘洼

灌木；小叶两对，羽状，托叶硬化成刺；花单生，黄色，常带紫色。昆明周边山坡灌丛中有分布。

山扁豆 *Chamaecrista mimosoides*

豆科　山扁豆属

别名：含羞草决明、顺地爬、水皂角

半灌木状草本；羽状复叶，小叶线状镰形；花单生或数朵成短总状花序，腋生，花冠黄色；荚果条形，扁平。昆明周边草坡、灌丛中、林缘有分布。

舞草 *Codariocalyx motorius*

豆科　舞草属

别名：跳舞草、钟萼豆

直立小灌木；叶为三出复叶；圆锥花序或总状花序，花紫红色或浅紫色；荚果条形。昆明周边湿润草地、沟谷密林下或灌丛中有分布。

巴豆藤 *Craspedolobium unijugum*

豆科　巴豆藤属

别名:无

攀援灌木;羽状三出复叶;总状花序着生于枝端叶腋,花红色。昆明周边土壤湿润的林下或灌丛中有分布。

假地蓝 *Crotalaria ferruginea*

豆科　猪屎豆属

别名：大响铃豆、狗响铃

半灌木状草本，全株被短柔毛；3小叶；总状花序，花冠黄色，下垂；荚果近圆筒形。昆明周边荒坡草地或河边有分布。

象鼻藤 *Dalbergia mimosoides*

豆科　黄檀属

别名：含羞草叶黄檀、小黄檀、夜关门

灌木；羽状复叶；圆锥花序腋生，花白色或淡黄色。昆明周边林下、灌丛中或河边有分布。

滇黔黄檀 *Dalbergia yunnanensis*

豆科　黄檀属

别名:杠香藤、秧青、钩槐

藤本;羽状复叶;花白色,蝶形,密集呈聚伞圆锥花序,着生于上部叶腋;荚果长圆形。昆明周边山地林下有分布。

圆锥山蚂蝗 *Desmodium elegans*

豆科　山蚂蝗属

别名：毛排钱草、山毛豆

灌木；羽状三出复叶，小叶边缘有睫毛；圆锥花序，花冠蝶形，紫色或紫红色；荚果扁平，线形，疏被短柔毛。昆明周边林缘、林下或山坡路旁有分布。

疏果山蚂蝗 *Desmodium griffithianum*

豆科　山蚂蝗属

别名：疏果假地豆

平卧或斜升亚灌木状草本；羽状三出复叶，边缘有毛；总状花序顶生，花紫红色，两侧对称。昆明周边山坡草地、松栎林下或路边有分布。

云南山黑豆 *Dumasia yunnanensis*

豆科　山黑豆属

别名:无

多年生缠绕草本;叶具羽状3小叶;总状花序腋生,花黄色,两侧对称。昆明周边山坡路旁或沟边灌丛中有分布。

鹦哥花 *Erythrina arborescens*

豆科　刺桐属

别名：乔木刺桐、红嘴绿鹦哥

小乔木，树干和枝条具皮刺；羽状复叶，具3小叶；总状花序腋生，花红色。昆明周围湿润山沟或密林中有分布。

长柄山蚂蝗 *Hylodesmum podocarpum*

豆科　长柄山蚂蝗属

别名：圆菱叶山蚂蝗

直立草本；叶为羽状三出复叶，小叶宽卵形；总状花序或圆锥花序，花粉红色；荚果。昆明周边山坡路旁、草坡或次生阔叶林下有分布。

西南木蓝 *Indigofera mairei*

豆科　木蓝属

别名：茨口木蓝

灌木；羽状复叶，小叶对生；总状花序，花淡紫红色，两侧对称。昆明周边沟边灌丛中或林下有分布。

昆明木蓝 *Indigofera pampaniniana*

豆科　木蓝属

别名:班班木蓝

灌木;羽状复叶,小叶对生;总状花序,花紫红色,先叶开放。昆明周边山坡疏林下或灌丛中有分布。

鸡眼草 *Kummerowia striata*

豆科　鸡眼草属

别名：掐不齐、人字草、牛黄草

一年生草本；叶为三出羽状复叶；花单生或簇生叶腋，粉红色或紫色，两侧对称。昆明周边荒坡路旁或山坡草地有分布。

截叶铁扫帚 *Lespedeza cuneata*

豆科　胡枝子属

别名：老牛筋、夜关门

小灌木；叶密集，楔形或线状楔形，先端具小刺尖；总状花序，花淡黄色或白色，两侧对称。昆明周边山坡路边有分布。

百脉根 *Lotus corniculatus*

豆科　百脉根属

别名:牛角花、五叶草

多年生草本;茎丛生;羽状复叶;伞形花序腋生,花黄色,干时蓝色,两侧对称。昆明周边草坡、沟边或林缘有分布。

天蓝苜蓿 *Medicago lupulina*

豆科　苜蓿属

别名：布苏夯

一、二年生或多年生草本，疏被毛；羽状三出复叶；花序小头状，花黄色；荚果弯曲，略呈肾形。昆明周边荒地、路旁或山坡有分布。

印度草木樨 *Melilotus indicus*

豆科　草木樨属

别名:肥田草、各答菜

一年生草本;羽状三出复叶,小叶边缘具锯齿;总状花序,花黄色。昆明周边路边、坡地或沟边有分布。

老虎刺 *Pterolobium punctatum*

豆科　老虎刺属

别名:倒爪刺、石龙花、雀不踏、倒钩藤

木质藤本或攀援性灌木,具短钩刺;二回羽状复叶,小叶对生,先端微凹;总状花序,花瓣5,白色。昆明周边石灰岩山坡灌丛中、林缘或路旁有分布。

紫脉花鹿藿 *Rhynchosia himalensis* var. *craibiana*

豆科　鹿藿属

别名：喜马拉雅鹿藿

攀援状草本；叶具羽状3小叶；总状花序，花黄色，两侧对称，旗瓣外面具明显的紫色脉纹；荚果倒披针形，被毛。昆明周边林下或灌丛中有分布。

缘毛合叶豆 *Smithia ciliata*

豆科　坡油甘属

别名:缘毛苞豆

一年生草本;羽状复叶,小叶边缘具刺毛;总状花序,花黄色或白色,苞片托叶状,有缘毛。昆明周边灌丛中或路旁草坡湿润处有分布。

白刺花 *Sophora davidii*

豆科　槐属

别名: 苦刺花、铁马胡烧、狼牙刺

灌木或小乔木;羽状复叶,托叶部分变成刺;总状花序着生于小枝顶端,花小,白色或淡黄色;荚果念珠状,稍扁。昆明周边路边坡地有分布。

槐 *Sophora japonica*

豆科　槐属

别名:国槐

乔木,当年生枝绿色;羽状复叶;圆锥花序顶生,花白色或淡黄色;荚果念珠状。昆明周边常见栽培或逸生。

云南高山豆 *Tibetia yunnanensis*

豆科　高山豆属

别名:滇高山豆

多年生草本;小叶卵形;伞形花序,花紫色,两侧对称。昆明周边草坡、林下有分布。

白车轴草 *Trifolium repens*

豆科　车轴草属

别名：白三叶、三叶草

多年生草本；掌状三出复叶；球形花序，花白色，两侧对称。原产于欧洲，昆明周边草地、灌丛中有分布。

中华狸尾豆 *Uraria sinensis*

豆科　狸尾豆属

别名:铁包根

亚灌木;叶为羽状三出复叶;圆锥花序,花紫色,花序轴密被灰黄色柔毛。昆明周边山坡草地有分布。

广布野豌豆 *Vicia cracca*

豆科　野豌豆属

别名:绿肥草

多年生草本;偶数羽状复叶,小叶互生,叶轴末端具分枝的卷须;总状花序,花淡蓝色或蓝紫色;荚果长圆形。昆明周边山坡、草地或路边有分布。

救荒野豌豆 *Vicia sativa*

豆科　野豌豆属

别名：大巢菜、野绿豆

一年生或二年生草本；偶数羽状复叶，两面疏被黄色短柔毛，叶轴末端具分枝的卷须；花1~2朵腋生，紫红色，两侧对称。昆明周边山坡、草地有分布。

歪头菜 *Vicia unijuga*

豆科　野豌豆属

别名：草豆、三铃子、两叶豆苗

多年生草本，卷须不发达而变为针状；偶数羽状复叶，具小叶2枚；总状花序腋生，花紫色或紫红色；荚果扁，长圆形。昆明周边林缘、草地或山坡有分布。

滇青冈 *Cyclobalanopsis glaucoides*

壳斗科　青冈属

别名：滇椆、拟槠

常绿乔木；叶螺旋状互生；雄花序为下垂葇荑花序，雌花单生或簇生；壳斗碗形，坚果椭圆形至卵形。昆明周边石灰岩山常绿阔叶林优势物种。

白柯 *Lithocarpus dealbatus*

壳斗科　柯属

别名:滇石栎、白皮柯

乔木;叶互生;雄穗状花序多穗聚生于枝的顶部;壳斗3~5个簇生,近球形或扁球形,坚果近球形或略扁。昆明周边山地湿润森林优势物种。

光叶柯 *Lithocarpus mairei*

壳斗科　柯属

别名：光叶石栎

乔木；叶互生，顶端渐尖或尾尖，全缘；雄花为圆锥花序，有时为穗状花序；壳斗碗形，坚果球形或扁球形。昆明周边向阳山坡有分布。

锐齿槲栎 *Quercus dentata*

壳斗科　栎属

别名：橡树、柞栎、大叶波罗

落叶乔木；叶互生，边缘具波状裂片；壳斗碗形，苞片披针形，红棕色；坚果卵形。昆明周边向阳山坡或松林下有分布。

毛脉高山栎 *Quercus rehderiana*

壳斗科　栎属
别名:毛脉栎

常绿乔木;叶互生;雄花葇荑花序下垂,雌花单生于总苞内;壳斗碗形,坚果近球形或卵形。昆明周边山地杂木林下有分布。

栓皮栎 *Quercus variabilis*

壳斗科　栎属

别名：软木栎、粗皮栎、白麻栎

落叶乔木；叶互生，边缘具刺芒状锯齿；雄花葇荑花序下垂，雌花单生于总苞内；壳斗常单生，碗形；苞片钻形，反卷。昆明周边向阳山坡或松栎林下有分布。

昆明龙胆 *Gentiana duclouxii*

龙胆科　龙胆属

别名：白洋参、菊花参

多年生草本，须根肉质；主茎直立或平卧呈匍匐状，有分枝；叶大部分基生，莲座状，叶柄具狭翅；花1~3朵簇生于枝端，无花梗，花冠蔷薇色，漏斗形，冠檐具多数蓝色斑点。昆明周边山坡有分布。

高贵龙胆 *Gentiana gentilis*

龙胆科　龙胆属

别名:贵龙胆

一年生草本;茎生叶宽卵形或心形;叶对生;花单生茎顶,筒形,蓝色或紫色,辐射对称。昆明周边山坡林缘及林下有分布。

红花龙胆 *Gentiana rhodantha*

龙胆科　龙胆属

别名：星秀花、小青鱼胆、小雪里梅

多年生草本；叶对生，具3脉；花单生茎顶，花冠筒形，粉红色，裂片先端具细长流苏。昆明周边山坡草地及灌丛中有分布。

滇龙胆草 *Gentiana rigescens*

龙胆科　龙胆属

别名：小秦艽、坚龙胆、苦草青鱼胆

多年生草本；叶对生，倒卵形或卵形；花簇生，漏斗形或钟形，蓝紫色，冠檐具多数深蓝色或绿色斑点。昆明周边山坡草地、林下或灌丛中有分布。

椭圆叶花锚 *Halenia elliptica*

龙胆科　花锚属

别名：龙胆草、藏茵陈、大苦草

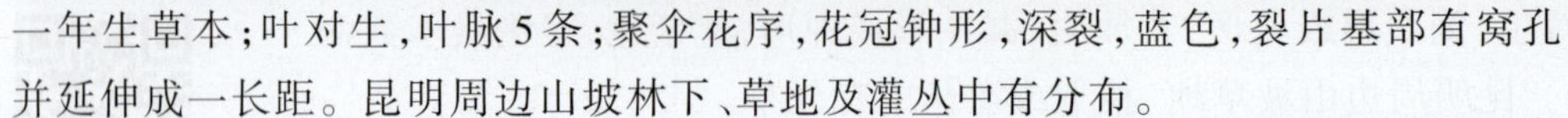

一年生草本；叶对生，叶脉5条；聚伞花序，花冠钟形，深裂，蓝色，裂片基部有窝孔并延伸成一长距。昆明周边山坡林下、草地及灌丛中有分布。

肋柱花 *Lomatogonium carinthiacum*

龙胆科 肋柱花属

别名：侧蕊、加地侧蕊、辐花侧蕊

一年生草本；叶对生；聚伞花序顶生，花蓝色，辐射对称。昆明周边山坡灌丛中、草地有分布。

大籽獐牙菜 *Swertia macrosperma*

龙胆科　獐牙菜属

别名：峦大当药、美国秧

一年生草本；叶对生；圆锥状复聚伞花序，花瓣白色或淡蓝色，基部有腺窝；蒴果卵形。昆明周边山坡草地、水边、路边灌丛中或林下有分布。

显脉獐牙菜 *Swertia nervosa*

龙胆科　獐牙菜属

别名：青叶胆、四棱草

一年生草本；茎直立，四棱形；叶对生；圆锥状复聚伞花序，黄绿色，花瓣中部以上具紫红色网纹，基部有腺窝。昆明周边山坡草地、灌丛中或松林下有分布。

五叶老鹳草 *Geranium delavayi*

牻牛儿苗科　老鹳草属

别名：观音倒座草、五角叶老鹳草

多年生草本；叶片五角形；聚伞花序，常有2花，花瓣紫色，基部深紫色且具白色长柔毛。昆明周边林间草地、林缘或灌丛中有分布。

尼泊尔老鹳草 *Geranium nepalense*

牻牛儿苗科　老鹳草属

别名：五叶草、狗足迹草、郭三梨

多年生草本；叶对生，偶互生，叶片五角状肾形；聚伞花序腋生，花白色、紫红色或淡紫红色，辐射对称。昆明周边山坡草地、林下或灌丛中有分布。

西藏珊瑚苣苔 *Corallodiscus lanuginosus*

苦苣苔科　珊瑚苣苔属

别名：石花、石胆草、牛耳草、岩指甲

多年生草本；叶全部基生，莲座状，叶面有皱纹且被柔毛；聚伞花序，花冠筒状，淡蓝紫色，2唇形；蒴果长圆形。昆明周边山地岩石上有分布。

厚叶蛛毛苣苔 *Paraboea crassifolia*

苦苣苔科 蛛毛苣苔属

别名：石灰草

多年生草本；叶基生，倒卵形，厚而肉质，上面被灰白色绵毛；聚伞花序伞状，花冠筒短而宽，紫色。昆明周边山地岩石上有分布。

石蝴蝶 *Petrocosmea duclouxii*

苦苣苔科　石蝴蝶属

别名:无

多年生小草本;叶基生,被柔毛;单花顶生,花冠筒状,蓝色,外疏被柔毛。昆明周边岩石上或岩石缝隙中有分布。

长冠苣苔 *Rhabdothamnopsis sinensis*

苦苣苔科　长冠苣苔属

别名：中华长冠苣苔

亚灌木；叶对生，被短柔毛；单花腋生，花冠筒形，外面紫色，内面白色且具有紫色条纹。昆明周边山地林下有分布。

穗状狐尾藻 *Myriophyllum spicatum*

小二仙草科　狐尾藻属

别名：狗尾巴草、泥茜

多年生沉水草本；叶常5片轮生，羽状深裂，裂片线形；穗状花序，花瓣4，雄花由绿变红，雌花粉色。昆明周边池塘、河沟、沼泽有分布。

西域青荚叶 *Helwingia himalaica*

青荚叶科　青荚叶属

别名：叶上花、通心草、须弥青荚叶

常绿灌木；叶互生，边缘具钝齿，齿端具短芒尖；密伞花序着生于叶面中脉上；果红色。昆明周边山坡灌木林下有分布。

黑藻 *Hydrilla verticillata*

水鳖科　黑藻属

别名：海藻、水王孙、多刺铡

多年生沉水草本；叶 3~8 枚轮生，线形或长条形，暗绿色带红褐色斑点和短条纹，透明。昆明周边池塘、沟渠有分布。

水鳖 *Hydrocharis dubia*

水鳖科　水鳖属

别名：马尿花、青萍菜、水膏菜

浮水草本；叶簇生，叶片心形或圆形，背面中部有一片明显的海绵质漂浮气囊，鼓起。昆明周边池塘、沼泽或水沟有分布。

尖萼金丝桃 *Hypericum acmosepalum*

金丝桃科　金丝桃属

别名：黄花香、香针树

灌木；叶对生；花序近伞房状，花深黄色，辐射对称；蒴果。昆明周边山坡路旁、灌丛中或溪边有分布。

挺茎遍地金 *Hypericum elodeoides*

金丝桃科　金丝桃属

别名:苍蝇草

多年生草本;叶对生,边缘生黑色腺点;花黄色,花瓣上部边缘具黑色腺点;苞片边缘有小刺齿,齿端具黑色腺体。昆明周边山坡草丛中、林下或灌丛中有分布。

野八角 *Illicium simonsii*

八角科　八角属

别名:川茴香

乔木;叶近对生或互生;花淡黄色,芳香,腋生;聚合果,蓇葖7~9,顶端具喙状尖头;花、果和叶均有毒。昆明周边山地沟谷或林下有分布。

西南鸢尾 *Iris bulleyana*

鸢尾科　鸢尾属

别名：布氏鸢尾

多年生草本；叶基生，条形；花天蓝色，外花被片具蓝紫色斑点和条纹，内花被片直立。昆明周边山坡草地或溪边湿草地有分布。

扁竹兰 *Iris confusa*

鸢尾科　鸢尾属

别名：扁竹根、扁竹、豆豉叶

多年生草本；叶10余枚，宽剑形，密集于茎顶，排列成扇形；花浅蓝色或白色。昆明周边山坡草地、疏林下或沟谷湿地有分布。

胡桃 *Juglans regia*

胡桃科　胡桃属

别名：铁核桃、核桃

落叶乔木；奇数羽状复叶；葇荑花序，下垂；果实近球形，果核具2纵棱及浅雕纹，顶端具短尖头。昆明周边山坡、沟旁、路边有分布。

化香树 *Platycarya strobilacea*

胡桃科　化香树属

别名：山麻柳、花木香、白皮树

落叶小乔木；奇数羽状复叶互生，边缘具锯齿；伞房状花序顶生，直立；果序球果状，卵状椭圆形至长椭圆状圆柱形。昆明石灰岩山坡或杂木林下有分布。

翅茎灯心草 *Juncus alatus*

灯心草科　灯心草属

别名:三角草

多年生草本;茎直立,扁平且具窄翅;叶基生或茎生;头状花序排成聚伞花序。昆明周边溪边或沼泽地有分布。

葱状灯心草 *Juncus allioides*

灯心草科　灯心草属

别名:无

多年生草本;叶基生和茎生,扁圆形;头状花序单一。昆明周边草坡、石坡或高山沼泽地有分布。

多花地杨梅 *Luzula multiflora*

灯心草科　地杨梅属

别名：山间地杨梅

多年生草本；叶基生和茎生，边缘具白色丝状毛；头状花序排成顶生聚伞花序，红褐色或黑褐色；蒴果卵圆形。昆明周边山坡、草丛中或灌丛中有分布。

散瘀草 *Ajuga pantantha*

唇形科　筋骨草属

别名：山苦草、散血草、胆草

多年生草本；茎略呈四棱形，叶对生；轮伞花序，花紫红色或紫蓝色，檐部2唇形，上唇短，下唇宽大。昆明周边向阳山坡草丛中有分布。

寸金草 *Clinopodium megalanthum*

唇形科　风轮菜属

别名：麻布草、山夏枯草、灯笼花

多年生草本；茎四棱形，密被白色刚毛，常染紫红色；叶对生，三角状卵圆形；轮伞花序，花粉红色。昆明周边山坡草地、路旁或林下有分布。

藤状火把花 *Colquhounia sequinii*

唇形科　火把花属

别名：藤炮仗花、苦梅叶

灌木；叶对生，两面被毛，边缘具锯齿；聚伞花序排成轮伞花序，花红、紫、暗橙色至黄色，外被柔毛。昆明周边山坡灌丛中有分布。

东紫苏 *Elsholtzia bodinieri*

唇形科　香薷属

别名：风尾茶、牙刷草、半边红花

多年生草本；茎多分枝，被白色柔毛；叶对生，两面均被毛；穗状花序单生于枝顶，花冠玫紫色。昆明周边山坡草地、疏林下或松林下有分布。

黄花香薷 *Elsholtzia flava*

唇形科　香薷属

别名：野苏子、大野拔子、大叶香薷

直立半灌木；茎四棱形，密被灰白色短柔毛；叶对生，阔卵形或近圆形；穗状花序，花冠黄色。昆明周边路边、沟谷灌丛中或密林林缘有分布。

野拔子 *Elsholtzia rugulosa*

唇形科　香薷属

别名：野坝子、香芝麻、香苏草

草本至半灌木；茎四棱形，叶缘具钝锯齿，全株被柔毛；穗状花序顶生，花冠常为白色。昆明周边山坡草地、旷地、路旁、林下、灌丛中有分布。

腺花香茶菜 *Isodon adenanthus*

唇形科　香茶菜属

别名：路边金、大钮子七

多年生草本；叶对生；聚伞花序，花冠蓝、紫、淡红至白色，外面密被淡黄色腺点及柔毛。昆明周边林下或林缘有分布。

毛萼香茶菜 *Isodon eriocalyx*

唇形科　香茶菜属

别名：大马鞭梢、黑头草

多年生草本或灌木，茎常带紫红色，密被柔毛；叶对生；穗状圆锥花序，花淡紫色或紫色，花萼密被灰白色绵毛。昆明周边山坡向阳处或灌丛中有分布。

黄花香茶菜 *Isodon sculponeatus*

唇形科　香茶菜属

别名：方茎紫苏、假荨麻、烂脚草

直立草本；茎四棱形；叶对生，卵状心形；聚伞花序，花冠黄色，上唇内具紫斑。昆明周边空旷草地或灌丛中有分布。

夏至草 *Lagopsis supina*

唇形科　夏至草属

别名：白花夏枯、白花益母、灯笼棵

多年生草本；茎四棱形；叶对生，3深裂；轮伞花序，花唇形，白色。昆明周边路旁或灌丛草地有分布。

宝盖草 *Lamium amplexicaule*

唇形科　野芝麻属

别名：莲台接骨草、珍珠莲

一年生或二年生植物；茎四棱形；叶对生，圆形，边缘有深圆锯齿；轮伞花序，花冠紫红色或粉红色。昆明周边草地、路旁或林缘有分布。

松林华西龙头草 *Meehania fargesii* var. *pinetorum*

唇形科　龙头草属

别名：松林龙头草、红紫苏

多年生草本；叶对生；花成长而疏的假总状花序，花冠唇形，淡红至紫红色。昆明周边山坡草丛中、山谷或溪边有分布。

蜜蜂花 *Melissa axillaris*

唇形科　蜜蜂花属

别名:滇荆芥、土荆芥、鼻血草

多年生草本;茎四棱形;叶对生;轮伞花序腋生,花冠白色或淡红色。昆明周边林下、路旁或山坡有分布。

薄荷 *Mentha canadensis*

唇形科　薄荷属

别名：野薄荷、水薄荷、水益母

多年生草本；茎四棱形，具四槽；叶对生，披针形，边缘具牙齿状锯齿，被微柔毛；轮伞花序腋生，花淡紫色。昆明周边水旁潮湿地有分布。

姜味草 *Micromeria biflora*

唇形科　姜味草属

别名:小姜草、柏枝草、桂子香

半灌木,丛生,具香味;叶对生,卵形;聚伞花序,花小,粉红色。昆明周边石灰岩山地或开旷草地有分布。

牛至 *Origanum vulgare*

唇形科　牛至属

别名：滇香薷、山薄荷、满坡香、五香草

多年生草本或半灌木，芳香；叶对生；伞房状圆锥花序，花冠紫红色、淡红色至白色。昆明周边山坡、路旁或林下有分布。

鸡脚参 *Orthosiphon wulfenioides*

唇形科　鸡脚参属

别名：山萝卜、地葫芦

多年生草本；叶基生，边缘具锯齿；轮伞花序排成总状花序，花冠浅红色至紫色。昆明周边松林下或草坡有分布。

紫苏 *Perilla frutescens*

唇形科　紫苏属

别名:白苏

一年生草本,被长柔毛,具香味;茎钝四棱形;叶对生,阔卵形,边缘具锯齿;总状花序,花冠白色至紫色。昆明各处广泛栽培或有时逸生。

硬毛夏枯草 *Prunella hispida*

唇形科　夏枯草属

别名:夏枯草、麦穗夏枯草、刚毛夏枯草

多年生草本;茎钝四棱形;叶对生,两面均密被硬毛;穗状花序,花冠唇形,深紫至蓝紫色。昆明周边山坡草地或林缘有分布。

椴叶鼠尾草 *Salvia tiliifolia*

唇形科　鼠尾草属

别名：无

多年生草本；叶对生；轮伞花序排成总状花序，花冠天蓝色；入侵物种，原产中美洲。昆明周边山坡及城区路边有分布。

云南鼠尾草 *Salvia yunnanensis*

唇形科　鼠尾草属

别名：紫丹参、山槟榔、奔马草

多年生草本，全株被灰白色柔毛；基生叶形多变；轮伞花序排成总状花序或总状圆锥花序，花冠蓝紫色。昆明周边山坡草地或路边灌丛中有分布。

滇黄芩 *Scutellaria amoena*

唇形科　黄芩属

别名：小黄芩、子芩、土黄芩、喜勒怒儿

多年生草本；叶对生；花对生排成总状花序，花冠唇形，青紫色或蓝色。昆明周边林下或草地灌丛中有分布。

屏风草 *Scutellaria orthocalyx*

唇形科　黄芩属

别名：直萼黄芩、紫花地丁、小黄芩

多年生草本；茎四棱形；叶对生，全缘；总状花序顶生，花冠唇形，蓝紫色至紫色。昆明周边草坡或松林下有分布。

西南水苏 *Stachys kouyangensis*

唇形科　水苏属

别名：破布草、山菠萝子

多年生草本；茎四棱形；叶对生，茎叶三角状心形；轮伞花序排成穗状花序，花冠浅红至紫红色。昆明周边山坡草地、荒地或潮湿沟边有分布。

大唇香科科 *Teucrium labiosum*

唇形科　香科科属

别名：山苏麻、野薄荷

多年生草本；茎四棱形；叶对生，边缘具圆齿；假穗状花序，花白色。昆明周边山坡林下有分布。

八月瓜 *Holboellia latifolia*

木通科　八月瓜属

别名：五风藤、刺藤果、兰木香、牛懒袋果

常绿木质藤本；掌状复叶；伞房花序式总状花序，簇生叶腋，雄花绿白色，雌花紫色；果呈腊肠状。昆明周边密林林缘有分布。

云南樟 *Cinnamomum glanduliferum*

樟科　樟属

别名:红樟、臭樟、果东樟

常绿乔木,树皮深纵裂,具有樟脑气味;叶互生,叶形变化很大,革质;花小,淡黄色;果球形,黑色。昆明周边山地常绿阔叶林中有分布。

香叶树 *Lindera communis*

樟科　山胡椒属

别名：香果树、黄木姜子、红果树

常绿灌木或小乔木；叶互生，边缘内卷，羽状脉；伞形花序，花瓣6，花黄色或黄白色；果卵形，成熟时紫红色。昆明周边常绿阔叶林下有分布。

山鸡椒 *Litsea cubeba*

樟科　木姜子属

别名：山苍子、木香子、山胡椒

落叶灌木或小乔木，枝、叶均具香味；叶互生，披针形；伞形花序；果近球形，幼时绿色，成熟时黑色。昆明周边山坡向阳处或疏林下有分布。

滇润楠 *Machilus yunnanensis*

樟科　润楠属

别名：树八咱、臭樟树

乔木；叶互生；聚伞圆锥花序，花辐射对称；果球形，果梗呈红色。昆明周边沟谷杂木林下有分布。

浮萍 *Lemna minor*

浮萍科　浮萍属

别名：青萍、拉布萨嘎

漂浮植物；叶状体对称，卵形；根白色。昆明周边池塘、湖水中有分布。

紫萍 *Spirodela polyrrhiza*

浮萍科　紫萍属

别名：水萍

水生漂浮草本；叶状体扁平，阔倒卵形，背面紫色。昆明周边水田、湖湾、水沟有分布，常与浮萍形成覆盖水面的漂浮植物群落。

狭瓣粉条儿菜 *Aletris stenoloba*

百合科 粉条儿菜属

别名：窄瓣粉条儿菜

多年生草本；叶基生，成簇，带形；总状花序，花白色至粉白色，辐射对称。昆明周边沟谷、溪边、路旁林下或灌丛中有分布。

滇韭 *Allium mairei*

百合科　葱属

别名:决择

多年生草本;叶近圆柱状;伞形花序,花喇叭状开展,淡红色至紫红色;全株具有辛辣气味。昆明周边开阔山坡、草地有分布。

多星韭 *Allium wallichii*

百合科　葱属

别名:长生草、不死草、歌仁、山韭菜

多年生草本;叶狭条形至宽条形;圆伞形花序,花红色、紫红色、紫色至黑紫色,偶为白色或黄色,星芒状开展。昆明周边海拔较高的草坡、灌丛中有分布。

密齿天门冬 *Asparagus meioclados*

百合科　天门冬属

别名:地草果

直立草本;叶状枝通常每5~10枚成簇,叶圆柱形;浆果成熟时红色。昆明周边林下、山谷或溪边有分布。

深裂竹根七 *Disporopsis pernyi*

百合科　竹根七属

别名：黄鸡脚、黄精七

多年生常绿草本；叶互生，披针形；花腋生，白色或上部淡绿色，下垂。昆明周边林下或山谷溪边有分布。

万寿竹 *Disporum cantoniense*

百合科　万寿竹属

别名：狗尾巴参、倒竹伞、老人拐杖

多年生直立草本；叶互生，披针形；伞形花序，花紫色至黄白色、淡绿色，下垂。昆明周边山坡林下、灌丛中或草地有分布。

鹭鸶草 *Diuranthera major*

百合科　鹭鸶草属

别名:山韭菜、大兰花参、土漏芦

多年生草本;叶丛生,线形,平行脉;总状花序或圆锥花序,花白色。昆明周边林下、灌丛中或草坡有分布。

折叶萱草 *Hemerocallis plicata*

百合科 萱草属

别名：风尾一枝蒿、野茫菜、土参

多年生草本；叶丛生，呈带状，中脉明显，常对折；花葶长于叶，花金黄色或橙黄色，后期变为黄白色；果卵形，绿色。昆明周边草地、山坡或松林下有分布。

山慈姑 *Iphigenia indica*

百合科　山慈姑属

别名：草贝母、闹狗药、土贝母

多年生草本；叶散生，条状长披针形；近伞房状花序，花被片6，平展成星状，黑紫色；蒴果棒槌状。昆明周边林下或草坡有分布。

川百合 *Lilium davidii*

百合科　百合属

别名:高原卷丹

草本;叶散生,线形,绿色;单花或总状花序,下垂,花被片反卷,内面具黑紫色斑点。昆明周边林下、灌丛或路边草地有分布。

间型沿阶草 *Ophiopogon intermedius*

百合科　沿阶草属

别名：山韭菜、长葶沿阶草、紫花沿阶草

多年生草本；叶基生，禾叶状；总状花序，花白色或淡紫色。昆明周边山坡、沟谷、溪边阴湿处有分布。

滇重楼 *Paris polyphylla* var. *yunnanensis*

百合科　重楼属

别名:重楼、白河车、白河东、白蚤休

多年生草本;花瓣多数,叶在茎顶排成一轮,花1朵,生于叶轮中央。昆明周边山坡、沟谷、溪边阴湿处有分布。

卷叶黄精 *Polygonatum cirrhifolium*

百合科　黄精属

别名:大黄精、滇钩吻、阿里卜薯、黄七

草本,根状茎肥厚,链珠状;叶轮生,条形或条状披针形,先端拳卷或弯曲成钩状;轮生花序。昆明周边山坡、林下、灌丛中或溪边有分布。

吉祥草 *Reineckia carnea*

百合科　吉祥草属

别名：玉带草、观音草、松寿兰

草本；叶条形，平行脉；穗状花序，轴紫色，花芳香，粉红色。昆明周边密林下、灌丛中或草地有分布。

长托菝葜 *Smilax ferox*

百合科　菝葜属

别名：刺萆薢、金刚藤果、龙须叶、红萆藤、美人扇

攀援灌木，具刺；叶互生，有卷须；花序托延长，不为球形。昆明周边路边灌丛中或林下有分布。

无刺菝葜 *Smilax mairei*

百合科　菝葜属

别名：白萆薢、打不死

攀援灌木，无刺；叶互生，有卷须；伞形花序腋生，花淡绿色或红色；浆果球形，成熟时蓝黑色。昆明周边路边灌丛中或林下有分布。

叉柱岩菖蒲 *Tofieldia divergens*

百合科　岩菖蒲属

别名：云南岩菖蒲、九节莲、小扁竹参

多年生草本；叶条形，平行脉；总状花序，花白色；种子不具白色纵带。昆明周边草坡、溪边或林下有分布。

石海椒 *Reinwardtia indica*

亚麻科　石海椒属

别名：过山青、黄花香草、迎春柳

小灌木；叶互生，椭圆形；花单生或数朵丛生于叶腋或枝顶，花黄色。昆明周边山坡、河边或石山有分布。

酒药花醉鱼草 *Buddleja myriantha*

马钱科　醉鱼草属

别名：多花醉鱼草、菊花藤

灌木；叶对生，背面被柔毛，边缘具锯齿；总状或圆锥状聚伞花序，花冠紫堇色，密被柔毛。昆明周边山坡灌丛中有分布。

密蒙花 *Buddleja officinalis*

马钱科　醉鱼草属

别名：蒙花、米汤花、糯米花、染饭花、羊耳花、酒药花

灌木；叶对生，背面被柔毛，边缘具锯齿；圆锥聚伞花序多少呈尖塔形，生于长的叶枝顶端；叶长圆形或长圆状披针形。昆明周边山坡灌丛中有分布。

梨果寄生 *Scurrula atropurpurea*

桑寄生科　梨果寄生属

别名:无

灌木;叶对生;总状花序,腋生,花红色。昆明周边山地阔叶林下有分布,常寄生于油桐、山茱萸、桑、杨或壳斗科植物上。

柳叶钝果寄生 *Taxillus delavayi*

桑寄生科　钝果寄生属

别名：寄生草、柳寄生

灌木；叶互生；伞形花序，花红色；果长圆形，黄色或橙色。昆明周边山地阔叶林中有分布，常寄生于山楂、花楸、樱桃、云南柳、杨、桦木等植物上。

扁枝槲寄生 *Viscum articulatum*

桑寄生科　槲寄生属

别名：麻栎寄生

亚灌木；枝交叉对生或二歧地分枝，小枝节间扁平；聚伞花序，腋生；果球形，浅黄色或青白色。昆明周边常绿阔叶林下有分布，常寄生于壳斗科植物上。

千屈菜 *Lythrum salicaria*

千屈菜科　千屈菜属

别名：对叶莲、败毒草

多年生草本；叶对生或三叶轮生，披针形；聚伞花序，花红紫色或淡紫色。昆明周边河岸、湖畔、溪沟边有分布。

圆叶节节菜 *Rotala rotundifolia*

千屈菜科　节节菜属

别名：肉矮陀陀、冰水花、肥猪菜

一年生草本；叶对生，圆形；穗状花序顶生，花瓣4，淡紫色。昆明周边水田或潮湿处有分布。

山玉兰 *Lirianthe delavayi*

木兰科　长喙木兰属

别名：山菠萝、优昙花

常绿乔木；叶互生，边缘波状；花单生，芳香。昆明周边山坡有分布，城区常有栽培。

云南含笑 *Michelia yunnanensis*

木兰科　含笑属

别名：袋袋香、皮袋香、金丝杜仲

灌木；叶互生，上面有光泽，背面疏被伏毛，网状脉；花白色，极为芳香；聚合果，蓇葖顶端具短尖。昆明周边山坡林下有分布，城区亦有栽培。

野西瓜苗 *Hibiscus trionum*

锦葵科　木槿属

别名：香铃草、灯笼花、火炮草

一年生直立或平卧草本；叶两型，下部叶圆形，上部叶分裂；花单生于叶腋，淡黄色，内面基部紫色。昆明周边河谷低海拔地区有分布。

野葵 *Malva verticillata*

锦葵科　锦葵属

别名:苋葵、巴巴叶、棋盘叶

二年生草本;叶肾形或圆形,掌裂;花簇生于叶腋,白色至淡红色,花瓣5;果扁圆形。昆明周边山坡、灌丛中及城区路边有分布。

拔毒散 *Sida szechuensis*

锦葵科　黄花稔属

别名：小粘药、王不留行

直立亚灌木；叶两型，下部叶菱形，上部叶椭圆形；花单生或簇生于枝顶，黄色。昆明周边山坡、路旁、灌丛中或疏林下有分布。

地桃花 *Urena lobata*

锦葵科　梵天花属

别名：野鸡花、肖梵天花

灌木状草本；叶互生，边缘具锯齿；花瓣5，淡红色，腋生；蒴果扁球形，被星状短柔毛和钩刺。昆明周边空旷地、荒坡、疏林下有分布。

星毛金锦香 *Osbeckia stellata*

野牡丹科　金锦香属

别名：罐罐花、阿不答石、九果根

灌木；茎四棱形，被刺毛；叶对生，具基出脉；聚伞花序排成圆锥花序，花紫红色；蒴果卵形，顶端平截，具刺毛。昆明周边山坡、灌丛中或山谷溪边有分布。

楝 *Melia azedarach*

楝科　楝属

别名：苦楝、火稔树

落叶乔木；羽状复叶，小叶对生，边缘有锯齿；圆锥花序，花淡紫色、白色，有香味。昆明周边林下、路旁及城区有分布。

香椿 *Toona sinensis*

楝科　香椿属

别名：毛椿、马泡子树、春阳树

落叶乔木；偶数羽状复叶，小叶对生或互生；圆锥花序，花白色；蒴果。昆明附近村庄及道路边有分布。

地不容 *Stephania epigaea*

防己科　千金藤属

别名：山乌龟、金线吊乌龟

草质、落叶藤本；块茎硕大，呈扁球形；叶扁圆形；单伞形聚伞花序，花紫色；核果红色。昆明周边石山上有分布，亦有栽培。

荇菜 *Nymphoides peltatum*

睡菜科　荇菜属

别名:金莲花、水铜钱

多年生水生草本;上部叶对生,下部叶互生,圆形;花簇生于节上,金黄色,辐射对称。昆明周边池塘浅水区有分布。

构树 *Broussonetia papyrifera*

桑科　构属

别名：楮实子、谷浆树

乔木；叶螺旋状排列，叶片不规则分裂，有乳汁；雄花序圆柱状且下垂，雌花为头状花序；聚合果，成熟时橙红色，肉质。昆明周边山坡或路旁有分布。

地果 *Ficus tikoua*

桑科　榕属

别名：地瓜、地石榴

匍匐木质藤本；叶互生，倒卵状椭圆形；隐头花序；榕果生于匍匐茎上，成熟时红色，表面散生圆形瘤点。昆明周边山坡或岩石缝中有分布。

鸡桑 *Morus australi*

桑科　桑属

别名：小叶桑、焦桑、山桑

灌木或小乔木；叶卵形，先端急尖或尾状，边缘具粗锯齿；聚花果短椭圆形，成熟时红色或暗紫色。昆明周边山坡灌丛中或悬崖上有分布。

地涌金莲 *Musella lasiocarpa*

芭蕉科　地涌金莲属

别名：地母金莲、地金莲、药芭蕉

草本；叶大型，长椭圆形，羽状平行脉，有白粉；花序直立，密集如球穗状，黄色。昆明周边山间坡地有分布，庭院中亦有栽培。

云南杨梅 *Myrica nana*

杨梅科　杨梅属

别名:矮杨梅

常绿灌木;叶密集于枝顶,边缘有锯齿;雌雄异株,穗状花序单生于叶腋;核果球形,红色或绿白色。昆明周边山坡林缘或灌丛中有分布。

铁仔 *Myrsine africana*

紫金牛科　铁仔属

别名：牙痛草、碎米颗、小铁子

灌木，小枝被柔毛；叶互生；花簇生或近伞形花序，腋生；果球形，红色变紫黑色，有光泽。昆明周边石山坡、荒坡或疏林下有分布。

直杆蓝桉 *Eucalyptus globulus* subsp. *maidenii*

桃金娘科　桉属

别名：桉

大乔木；幼态叶对生，卵形至圆形；成熟叶互生，披针形；伞形花序腋生，花白色；蒴果钟形或倒锥形。原产澳大利亚，昆明周边及城区有栽培。

莲 *Nelumbo nucifera*

莲科　莲属

别名：荷花、芙蕖

多年生水生草本；叶基生，圆形，叶脉放射状；花梗基生，顶生一花，粉红色或白色，芳香。昆明周边及城区池塘有分布。

青皮木 *Schoepfia jasminodora*

铁青树科　青皮木属

别名：羊脆骨、茶条树、幌幌木

落叶小乔木；叶互生；花叶同放，螺旋状聚伞花序，花冠钟形，白色或淡黄色，芳香，花瓣顶端外卷；核果椭圆形。昆明周边阔叶林中有分布。

流苏树 *Chionanthus retusus*

木樨科　流苏树属

别名：萝卜丝花、炭栗树、碎米花

落叶灌木或乔木；叶对生；聚伞圆锥花序，花冠白色，4深裂，因花似流苏而得名，满树繁花盛开时，远眺宛如皑皑白雪。昆明周边山坡或河边有分布。

白枪杆 *Fraxinus malacophylla*

木樨科　梣属

别名：对节生、毛叶子树、踏皮树

落叶乔木，小枝疏被柔毛和绒毛；羽状复叶，小叶9~15，椭圆形，两面被毛，近无柄；花两性，白色，裂片线形，与苞片均密被黄色绒毛；翅果匙形，翅下延至坚果中部。昆明周边次生林下有分布。

矮探春 *Jasminum humile*

木樨科　素馨属

别名:败火草

灌木;叶互生,复叶;聚伞花序顶生,花黄色;果长圆形,成熟时黑褐色。昆明周边松林下、山坡灌丛中或路旁有分布。

素方花 *Jasminum officinale*

木樨科　素馨属

别名：森兴那玛、耶悉茗

攀援灌木；叶对生，羽状复叶；聚伞花序顶生，花冠白色或外面粉红色里面白色；果椭圆形。昆明周边山坡疏林下、灌丛中或路边有分布。

长叶女贞 *Ligustrum compactum*

木樨科　女贞属

别名：女贞籽

灌木或小乔木；叶对生；圆锥花序顶生；核果椭圆形，成熟时蓝黑色。昆明周边山坡灌丛中、林下或林缘有分布。

云南木樨榄 *Olea tsoongii*

木樨科　木樨榄属

别名：青香果、白茶木、白桂花

灌木或乔木；叶对生；圆锥花序腋生，花冠白色或淡黄色；核果椭圆形，顶端有短尖头。昆明周边山坡疏林下有分布。

野桂花 *Osmanthus yunnanensis*

木樨科　木樨属

别名：滇桂、云南桂花

常绿乔木或灌木；叶对生；花簇生于叶腋，白色或乳黄色，微香；果椭圆形，成熟时深紫色。昆明周边山坡密林或疏林下有分布。

高山露珠草 *Circaea alpina*

柳叶菜科　露珠草属

别名：深山露珠草、乌拉音

多年生草本；叶对生，叶形变异大，边缘具尖锯齿；总状花序顶生，花白色。昆明周边山坡草地或林下有分布。

短梗柳叶菜 *Epilobium royleanum*

柳叶菜科　柳叶菜属

别名：滇藏柳叶菜、刷把草

多年生草本；叶披针形，绿色，花期常变红色；花单生于茎枝上部叶腋，淡紫色或紫红色；蒴果线形。昆明周边阔叶林下或潮湿草地有分布。

粉花月见草 *Oenothera rosea*

柳叶菜科　月见草属

别名:好实俄

多年生草本;叶互生;花单生于茎、枝上部叶腋,红色;蒴果棒头状;入侵物种,原产中美洲和南美洲。昆明周边及城区路边有分布。

小白及 *Bletilla formosana*

兰科　白及属

别名：方眼莲、乱角莲

草本；叶狭披针形，平行脉；总状花序，淡紫色或粉红色，稀白色；蒴果纺锤形，褐色，明显具6条棱脊。昆明周边林下、草坡、灌丛中或岩石缝中有分布。

三棱虾脊兰 *Calanthe tricarinata*

兰科　虾脊兰属

别名：三板根节兰、连肉环

地生草本；叶椭圆披针形，平行脉；总状花序，萼片和花瓣浅黄色，唇瓣红褐色。昆明周边山坡草地和混交林下有分布。

头蕊兰 *Cephalanthera longifolia*

兰科　头蕊兰属

别名：四叶一枝花、半层莲

地生草本；叶互生，披针形，叶脉平行状；总状花序，花白色，唇瓣基部具囊；蒴果椭圆形。昆明周边山坡阔叶林、高山栎林或云杉林下有分布。

云南叉柱兰 *Cheirostylis yunnanensis*

兰科　叉柱兰属

别名:无

地生草本或半附生草本;根状茎具节,肉质,呈莲藕状或毛虫状;唇瓣裂片边缘具锯齿,基部囊内两侧各具1枚扁平角状的胼胝体。昆明周边各类林下有分布。

大根兰 *Cymbidium macrorhizon*

兰科　兰属

别名：无

地生草本；附生或地生草本，腐生植物，无绿叶；花白色带黄色至淡黄色，萼片与花瓣常有1条紫红色纵带，唇瓣上有紫红色斑。昆明周边各类林下有分布。

小斑叶兰 *Goodyera repens*

兰科　斑叶兰属

别名:乌金莲

地生草本;叶卵形,上面深绿色且具白色斑纹;总状花序,花小,白色。昆明周边山坡铁杉、云杉、冷杉或箭竹林下有分布。

鹅毛玉凤花 *Habenaria dentata*

兰科　玉凤花属

别名:对对参、白花草、双肾子

地生草本;叶长圆形,平行脉;总状花序,花白色,侧裂片前端边缘有流苏状锯齿。昆明周边沟边密林下、山坡灌丛中、草坡或沼泽地有分布。

扇唇舌喙兰 *Hemipilia flabellata*

兰科　舌喙兰属

别名：独叶一枝花、单肾草

直立草本；叶基生，心形，上面绿色且具紫色斑点，背面紫色；总状花序，花从紫红色至白色。昆明周边山坡、沟谷林下、灌丛中或石灰岩岩缝中有分布。

叉唇角盘兰 *Herminium lanceum*

兰科　角盘兰属

别名：蛇尾草、脚根兰、卵子草

叶互生，叶片线状披针形，平行脉；总状花序，黄绿色或绿色。昆明周边阔叶林下、灌丛中或草地有分布。

二褶羊耳蒜 *Liparis cathcartii*

兰科　羊耳蒜属

别名：无

地生草本；叶2枚，卵形，平行脉；总状花序，花粉红色，偶见绿色与紫色。昆明周边阔叶林下有分布。

纤茎阔蕊兰 *Peristylus mannii*

兰科　阔蕊兰属

别名：小鸡参肾、黄花双参

地生草本；茎纤细，直立；叶片线形，平行脉；总状花序，花小，绿色或淡黄色。昆明周边山坡疏林下、灌丛中或草坡有分布。

白鹤参 *Platanthera latilabris*

兰科　舌唇兰属

别名：无

地生草本；叶互生，卵形或椭圆形，平行脉；总状花序，花绿色或黄绿色。昆明周边山坡林缘、竹林下、灌丛中或草坡有分布。

缘毛鸟足兰 *Satyrium nepalense* var. *ciliatum*

兰科　鸟足兰属

别名:对对参

地生草本;叶卵状披针形,平行脉,基部的鞘抱茎;总状花序,花粉红色或紫红色,清香。昆明周边林下或草坡有分布。

苞舌兰 *Spathoglottis pubescens*

兰科　苞舌兰属

别名：黄花小独蒜、苞舌草、冰球子

地生草本；叶带形，平行脉；总状花序，花黄色。昆明周边山坡草丛中及路边林下有分布。

绶草 *Spiranthes sinensis*

兰科　绶草属

别名：盘龙参、二郎箭、过水龙

地生草本；叶片线形；总状花序，花小，紫红色、粉红色或白色，呈螺旋状扭转排列。昆明周边草地或河滩沼泽草甸有分布。

列当 *Orobanche coerulescens*

列当科　列当属

别名:裂马嘴、独根草、兔子拐棍

二年生或多年生寄生草本,全株密被白色绒毛,茎基部膨大;叶鳞片状,螺旋状排列;穗状花序,花冠筒中部缢缩。昆明周边山坡或沟边草地有分布。

酢浆草 *Oxalis corniculata*

酢浆草科　酢浆草属

别名：酸角草、三叶酸、酸咪咪

草本；叶互生，掌状3小叶，小叶片倒心形；花单生或数朵集聚为伞形花序状，花黄色，辐射对称。昆明周边林下坡地有分布。

黄牡丹 *Paeonia delavayi*

芍药科　芍药属

别名：野牡丹、白芍、丹皮

亚灌木；叶为二回三出复叶，羽状分裂；花生于枝顶和叶腋，花瓣为黄色；蓇葖果。昆明周边石山、草坡或林下有分布。

金钩如意草 *Corydalis taliensis*

罂粟科　紫堇属

别名：五味草、断肠草、水黄连、五味草

无毛草本；叶多回羽状分裂；总状花序，花紫色、蓝紫色或粉红色，背部有鸡冠状突起。昆明周边林下、灌丛或草丛中有分布。

扭果紫金龙 *Dactylicapnos torulosa*

罂粟科　紫金龙属

别名:大藤铃儿草、野落松

草质藤本;叶二回或三回三出复叶;总状花序伞房状,淡黄色;蒴果线状长圆形,念珠状,稍扭曲,成熟时为紫红色。昆明周边林下、路旁或沟谷边有分布。

鸡蛋果 *Passiflora edulis*

西番莲科　西番莲属

别名：百香果、洋酸茄花、时计草、洋石榴

草质藤本；叶掌状3深裂；聚伞花序退化仅存1花，花外面绿色，内面绿白色，副花冠丝状。昆明周边有逸生于林缘、路边。

透骨草 *Phryma leptostachya* subsp. *asiatica*

透骨草科　透骨草属

别名：仙人一把遮、一扫光、小蛆药

多年生草本；茎四棱形；叶对生，边缘具粗锯齿；穗状花序，花冠漏斗状筒形，淡红色至紫色。昆明周边杂木林下湿润处有分布。

商陆 *Phytolacca acinosa*

商陆科　商陆属

别名：山萝卜、峨羊菜

多年生草本；叶互生；总状花序，花白色或黄绿色；浆果扁球形，成熟时黑色。昆明周边及城区路边有分布。

垂序商陆 *Phytolacca americana*

商陆科　商陆属

别名：北美商陆、鬼胭脂、见肿消

多年生草本；茎圆柱状，有时带紫红色；叶卵状披针形，全缘；总状花序顶生或与叶对生，纤细，花白色，微带红晕；果序下垂，浆果扁球形，紫黑色。外来入侵植物，原产北美，昆明周边有逸生。

云南油杉 *Keteleeria evelyniana*

松科　油杉属

别名：杉松、杉树

乔木；叶条形，在侧枝上排列成两列；球果圆柱形。昆明周边山坡有分布。

华山松 *Pinus armandii*

松科　松属

别名：青松、白松

乔木；鳞叶螺旋状排列，针叶5针一束；球果圆锥状长卵圆形。昆明周边山坡、混交林下有分布。

云南松 *Pinus yunnanensis*

松科　松属

别名：飞松、长毛松

乔木；鳞叶螺旋状排列，针叶通常3针一束；球果圆锥状卵圆形。昆明周边山坡或混交林下有分布。

昆明海桐 *Pittosporum kunmingense*

海桐花科　海桐花属

别名：无

常绿灌木或小乔木；叶簇生于枝顶，表面有光泽；伞形花序顶生，花淡黄色，极芳香；蒴果。昆明周边林下有分布，城区亦有栽培。

车前 *Plantago asiatica*

车前科　车前属

别名：车轮菜、蛤蟆衣、蛤蚂草

多年生草本；叶基生呈莲座状，叶光滑；穗状花序圆柱形；蒴果圆锥形。昆明周边各类开阔湿润生境有分布。

长叶车前 *Plantago lanceolata*

车前科　车前属

别名：车轱辘菜

多年生草本；叶基生呈莲座状；穗状花序圆柱形。昆明周边草坡、路旁较为湿润处或河边有分布。

多花剪股颖 *Agrostis micrantha*

禾本科　剪股颖属

别名：微药剪股颖

多年生丛生草本；秆多数，丛生；叶扁平，披针形；圆锥花序，小穗绿色或黄绿色。昆明周边林下坡地、河边、路旁有分布。

看麦娘 *Alopecurus aequalis*

禾本科　看麦娘属

别名：棒棒草、棒槌草

一年生草本；秆少数，丛生；圆锥花序圆柱形，灰绿色，小穗椭圆形或卵状长圆形。昆明周边沟谷、湿地、沼泽或林缘有分布。

藏黄花茅 *Anthoxanthum hookeri*

禾本科　黄花茅属

别名:虎克黄花茅

多年生草本;叶线形,狭窄,无毛;圆锥花序,小穗黄绿色或略带紫色。昆明周边林下坡地或灌丛中有分布。

茅叶荩草 *Arthraxon prionodes*

禾本科　荩草属

别名:马耳草

多年生草本;秆较坚硬;总状花序,小穗长圆状披针形。昆明周边林下坡地有分布。

刺芒野古草 *Arundinella setosa*

禾本科　野古草属

别名：狗屎草

多年生草本；秆单生或丛生；叶片线形，基部内面密生糙毛；圆锥花序，小穗带紫色。昆明周边林下、山坡草地或灌丛中有分布。

野燕麦 *Avena fatua*

禾本科　燕麦属

别名：浮小麦、铃铛麦

一年生草本；秆直立，丛生；叶片扁平，无毛；圆锥花序开展，金字塔形。外来入侵植物，昆明周边山坡草地、路边有分布。

菵草 *Beckmannia syzigachne*

禾本科　菵草属

别名：大头稗草

一年生草本；秆直立，丛生；圆锥花序，小穗扁平，圆形，灰绿色。昆明周边湿地、河沟边有分布。

扁穗雀麦 *Bromus catharticus*

禾本科　雀麦属

别名：大扁雀麦

一年生草本；秆直立；圆锥花序，小穗两侧极压扁。昆明周边山坡荫蔽沟边有分布。

假苇拂子茅 *Calamagrostis pseudophragmites*

禾本科　拂子茅属

别名：段苇拂子茅

多年生草本；秆直立；叶线形，表面及边缘略粗糙；圆锥花序长圆状披针形，小穗草黄色或灰色。昆明周边山坡草地或河岸阴湿处有分布。

细柄草 *Capillipedium parviflorum*

禾本科　细柄草属

别名:吊丝草

多年生草本;秆直立或基部稍倾斜;圆锥花序。昆明周边山坡草地、河边、灌丛中有分布。

沿沟草 *Catabrosa aquatica*

禾本科　沿沟草属

别名:螃蟹草

多年生草本;秆直立;圆锥花序。昆明周边河旁、池沼及水溪边有分布。

薏苡 *Coix lacryma-jobi*

禾本科　薏苡属

别名:草鱼目、草珠儿

一年生粗壮草本;秆直立,丛生;总状花序,果实圆珠状,果皮光滑坚硬。昆明周边池塘、河沟、山谷有分布。

橘草 *Cymbopogon goeringii*

禾本科　香茅属

别名：朵儿茅

多年生草本，有香味；秆直立，丛生；伪圆锥花序，小穗长圆状披针形。昆明周边丘陵山坡草地、荒野有分布。

狗牙根 *Cynodon dactylon*

禾本科　狗牙根属

别名:巴根草

多年生低矮草本;秆细而坚韧,叶片线形;穗状花序,2~6枚成一轮着生于枝顶。昆明周边荒地山坡有分布。

鸭茅 *Dactylis glomerata*

禾本科　鸭茅属

别名：果园草、鸡脚草

多年生草本；秆直立或基部膝曲；圆锥花序。昆明周边山坡、草地、林下或灌丛中有分布。

粒状马唐 *Digitaria abludens*

禾本科　马唐属

别名：无

一年生草本；秆直立；总状花序，小穗椭圆形至倒卵形。昆明周边山坡灌丛中有分布。

光头稗 *Echinochloa colonum*

禾本科　稗属

别名：扒草、光头芒

一年生草本；秆直立；圆锥花序狭窄，小穗卵圆形，无芒。昆明周边湿润地有分布。

皱稃草 *Ehrharta erecta*

禾本科　皱稃草属

别名:无

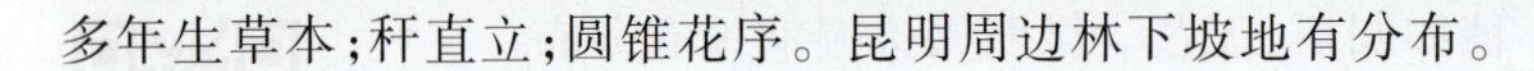

多年生草本;秆直立;圆锥花序。昆明周边林下坡地有分布。

钙生鹅观草 *Elymus calcicola*

禾本科　鹅观草属

别名:钙生披碱草

多年生草本;秆细弱,丛生;穗状花序。昆明周边石灰岩土上或潮湿有水向阳地带有分布。

多秆画眉草 *Eragrostis multicaulis*

禾本科　画眉草属

别名：复秆画眉草

多年生草本；秆丛生，直立；叶线形或线状披针形，扁平；圆锥花序。昆明周边山坡草丛中、路旁或河滩有分布。

魏氏金茅 *Eulalia wightii*

禾本科　金茅属

别名：滇南金茅

多年生草本；秆粗壮而具多节；总状花序。昆明周边山坡灌丛中或疏林下有分布。

拟金茅 *Eulaliopsis binata*

禾本科　拟金茅属

别名：龙须草、羊草

多年生草本；秆直立；总状花序。昆明周边向阳山坡草丛中有分布。

空心箭竹 *Fargesia edulis*

禾本科　箭竹属

别名:空心竹、黄竹、灰竹

秆圆筒形,被白粉,髓呈锯屑状;笋紫色,密被棕色长刺毛;叶片披针形,边缘具小锯齿。昆明周边阔叶林下有分布,城区亦有栽培。

藏滇羊茅 *Festuca vierhapperi*

禾本科　羊茅属

别名：费氏羊茅

多年生草本；秆疏丛生或单生；叶坚韧；圆锥花序开展。昆明周边山坡草地或疏林下有分布。

卵花甜茅 *Glyceria tonglensis*

禾本科　甜茅属

别名:卵花水甜茅

多年生草本;秆直立丛生或基部匍匐,节部浅紫红色;圆锥花序,小穗灰绿色。昆明周边水边湿地有分布。

镰稃草 *Harpachne harpachnoides*

禾本科　镰稃草属

别名：镰浮草

多年生草本；秆直立，微膝曲，丛生；总状花序顶生，小穗线状长圆形。昆明周边山坡草地或林缘有分布。

云南异燕麦 *Helictotrichon delavayi*

禾本科　异燕麦属

别名：洱源异燕麦、滇异燕麦

多年生草本；秆直立；叶常内卷，两面密生柔毛；圆锥花序，小穗绿色，有时带紫色。昆明周边山坡草地或灌丛中有分布。

扁穗牛鞭草 *Hemarthria compressa*

禾本科　牛鞭草属

别名：马铃骨、牛鞭草

多年生草本；秆直立；总状花序，小穗长卵形。昆明周边田边、路旁湿润处有分布。

黄茅 *Heteropogon contortus*

禾本科　黄茅属

别名：风气药、黄狗毛

多年生草本；秆基部常膝曲；总状花序，小穗线形。昆明周边干热草坡有分布。

白茅 *Imperata cylindrica*

禾本科　白茅属

别名：茅草、甜草

多年生草本，具根状茎；秆直立，节上有长柔毛；圆锥花序稠密，小穗基部有长柔毛。昆明周边河岸草地、湿地或路旁有分布。

白花柳叶箬 *Isachne albens*

禾本科　柳叶箬属

别名:中华淡竹叶

多年生草本;秆坚硬;圆锥花序椭圆形,小穗椭圆状球形。昆明周边山坡、谷地、溪边有分布。

李氏禾 *Leersia hexandra*

禾本科 假稻属

别名：假稻、六蕊稻草

多年生草本；秆倾卧地面并于节处生根；圆锥花序。昆明周边河沟、田岸水边湿地有分布。

黑麦草 *Lolium perenne*

禾本科　黑麦草属

别名：宿根毒麦

多年生草本；秆丛生；穗形穗状花序直立或稍弯。原产欧洲，昆明周边草甸草场有分布。

蔓生莠竹 *Microstegium fasciculatum*

禾本科　莠竹属

别名:无

多年生草本;秆直立;总状花序,小穗长圆形。昆明周边林下阴湿地有分布。

芒 *Miscanthus sinensis*

禾本科　芒属

别名:芭茅

多年生苇状草本;秆直立,中空;圆锥花序扇形,小穗披针形。昆明周边山坡、草地或岸边湿地有分布。

日本乱子草 *Muhlenbergia japonica*

禾本科　乱子草属

别名:大盘草

多年生草本,秆稍扁平;叶片扁平,线状披针形;圆锥花序;小穗披针形,灰绿色或带紫色。昆明周边山坡、林缘、灌丛中有分布。

竹叶草 *Oplismenus compositus*

禾本科　求米草属

别名:云南竹叶草

多年生草本;秆纤细;圆锥花序,小穗卵状披针形。昆明周边山坡灌丛中或疏林下有分布。

细柄黍 *Panicum sumatrense*

禾本科　黍属

别名：无

一年生草本；秆直立或基部稍膝曲；圆锥花序，小穗卵状长圆形。昆明周边荒野、路旁有分布。

毛花雀稗 *Paspalum dilatatum*

禾本科　雀稗属

别名:无

多年生草本;秆直立;总状花序,小穗椭圆形或倒卵形。昆明周边草地、山坡路旁有分布。

乾宁狼白草 *Pennisetum flaccidum*

禾本科　狼尾草属

别名:无

多年生草本;秆直立,较粗壮;圆锥花序,小穗披针形。昆明周边林下坡地有分布。

等颖落芒草 *Piptatherum aequiglume*

禾本科　落芒草属

别名：无

多年生高大草本；秆丛生；叶片扁平，无毛；圆锥花序，小穗长披针形。昆明周边溪边石隙中或路旁有分布。

早熟禾 *Poa annua*

禾本科　早熟禾属

别名:发汗草、冷草

一年生或冬性禾草;秆直立或倾斜;圆锥花序,小穗卵形。昆明周边均有分布。

棒头草 *Polypogon fugax*

禾本科　棒头草属

别名：麦毛草、稍草

一年生草本；秆丛生，直立；叶片扁平；圆锥花序。昆明周边道旁、河岸沙滩或湿地沼泽有分布。

蔗茅 *Saccharum rufipilum*

禾本科 蔗茅属

别名:桃花芦

多年生高大丛生草本;秆直立;叶片线形,背面粉白色;圆锥花序,直立,长圆柱状,玫紫色或紫红色。昆明周边林下、山坡、灌丛中或路旁有分布。

西南莩草 *Setaria forbesiana*

禾本科　狗尾草属

别名:西南粟草

多年生草本;秆直立或基部膝曲;圆锥花序呈狭尖塔形或穗状,小穗椭圆形。昆明周边山坡草地、溪边灌丛中或路旁有分布。

箭叶大油芒 *Spodiopogon sagittifolius*

禾本科　大油芒属

别名：慈姑草

多年生草本；秆直立；叶片线状披针形，基部2裂呈箭头形；圆锥花序。昆明周边石山广泛有分布。

鼠尾粟 *Sporobolus fertilis*

禾本科　鼠尾粟属

别名：钩耜草、牛筋草

多年生草本；秆直立，丛生；叶片线形；圆锥花序，小穗纺锤形，蓝灰色或稍带紫色。昆明周边山坡草地有分布。

黄背草 *Themeda triandra*

禾本科　菅属

别名：阿拉伯黄背草

多年生草本；秆高圆形；大型伪圆锥花序多回复出。昆明周边山坡、草地有分布。

线形草沙蚕 *Tripogon filiformis*

禾本科 草沙蚕属

别名:小草沙蚕

多年生丛生细弱草本;秆直立,丛生;叶片线状,质地稍硬,常内卷成针状;穗状花序。昆明周边路边草丛中或岩石缝隙间有分布。

斑壳玉山竹 *Yushania maculata*

禾本科　玉山竹属

别名：冷竹、马赛

灌木状竹类；竿每节分7~12枝。昆明周边阴坡有分布。

西伯利亚远志 *Polygala sibirica*

远志科　远志属

别名：瓜米草

多年生草本；叶互生，卵形；总状花序，花蓝紫色，左右对称；蒴果近倒心形，具狭翅。昆明周边山坡、草地有分布。

金荞麦 *Fagopyrum dibotrys*

蓼科　荞麦属

别名：赤地利、金锁银开、透骨消

多年生草本；叶三角形；花序伞房状，花白色，辐射对称。昆明周边湿地、山坡灌丛中有分布。

山蓼 *Oxyria digyna*

蓼科　山蓼属

别名：肾叶山蓼、铜矿草

多年生草本；叶肾形，圆锥花序；瘦果卵形，双凸镜状，两侧边缘具翅，淡红色，连翅外形呈圆形，边缘具小齿。昆明周边山坡草地、溪边、路旁有分布。

头花蓼 *Polygonum capitatum*

蓼科　蓼属

别名：草石椒、太阳花、酸酱草

多年生草本，茎匍匐，丛生；叶卵形或椭圆形，全缘，边缘具腺毛；头状花序，花淡红色。昆明周边林下、路边、山坡有分布。

尼泊尔蓼 *Polygonum nepalense*

蓼科　蓼属

别名：葫芦叶蓼、九龙盘

一年生草本；叶基生，托叶鞘筒状，叶背疏生黄色腺点；头状花序，花淡紫红色或白色。昆明周边草坡、林下、灌丛中有分布。

戟叶酸模 *Rumex hastatus*

蓼科　酸模属

别名:酸浆草

亚灌木;叶互生或簇生,戟形;花被片6,成2轮,内花被片果时增大,淡红色,顶端圆钝或微凹;瘦果卵形,具3棱。昆明周边荒坡、干燥路边有分布。

尼泊尔酸模 *Rumex nepalensis*

蓼科　酸模属

别名：金不换

多年生草本；基生叶长圆状卵形，边缘有波状齿；圆锥花序，果期时内轮花被片增大，边缘有针刺状齿，齿顶端为钩状。昆明周边草坡、山谷湿地有分布。

凤眼蓝 *Eichhornia crassipes*

雨久花科　凤眼蓝属

别名：凤眼莲、水葫芦、浮漂

浮水草本；叶在基部丛生，莲座状，叶柄中部及以下膨胀成葫芦状或纺锤状；穗状花序，花淡蓝色；原产巴西，入侵植物。昆明周边水塘、沟渠有分布。

鸭舌草 *Monochoria vaginalis*

雨久花科　雨久花属

别名:肥菜、肥猪草

水生草本;叶片形状变化较大;总状花序,花淡蓝色,由下而上先后绽放。昆明周边稻田、沟旁、浅水池塘有分布。

马齿苋 *Portulaca oleracea*

马齿苋科　马齿苋属

别名：安乐菜、长命菜、甲子草

一年生草本；叶互生、轮生，肉质，常聚于嫩枝顶端；花簇生，黄色。昆明周边菜园、农田、路旁有分布。

菹草 *Potamogeton crispus*

眼子菜科　眼子菜属

别名：梅花杂、水藻

多年生沉水草本；叶互生，条形，边缘皱波状；穗状花序，花淡褐色。昆明周边池塘、水沟有分布。

腋花点地梅 *Androsace axillaris*

报春花科　点地梅属

别名:点地梅

多年生草本;叶近圆形,掌裂,两面疏被短硬毛;花腋生,白色,有时带淡红色,辐射对称。昆明周边山坡林下、草地、灌丛中有分布。

长蕊珍珠菜 *Lysimachia lobelioides*

报春花科　珍珠菜属

别名：地胡椒、旱仙桃、八面风

一年生草本；叶互生；总状花序，花白色或淡红色，雄蕊较长。昆明周边林下、草坡或路旁有分布。

叶头过路黄 *Lysimachia phyllocephala*

报春花科　珍珠菜属

别名：黄药、大过路黄

一年生草本；叶对生，两面疏被柔毛；多花聚生于枝顶成头状，花冠黄色。昆明周边山坡林下、路边草丛中等阴湿处有分布。

曲柄报春 *Primula duclouxii*

报春花科　报春花属

别名:杜氏报春

多年生草本;叶多数,边缘粗齿状浅裂,两面密被柔毛;伞形花序,花粉色或淡紫色;果梗反折。昆明周边潮湿的石灰岩缝中有分布。

海仙花 *Primula poissonii*

报春花科　报春花属

别名：海仙报春、扼代巴、古木草

多年生草本；叶丛生，边缘具小牙齿；伞形花序，花深红色或紫红色，冠筒口部黄色，具环状附属物。昆明周边山坡草地湿润处有分布。

黄草乌 *Aconitum vilmorinianum*

毛茛科　乌头属

别名:滇草乌、昆明堵喇

多年生草本;叶五角形,全裂;总状花序,花萼紫蓝色。昆明周边山地灌丛中有分布。

草玉梅 *Anemone rivularis*

毛茛科　银莲花属

别名：虎掌草、风见青、白花舌头草

多年生草本；叶片肾状五角形，三全裂；聚伞花序，花白色，辐射对称。昆明周边山坡、沟边或疏林下有分布。

野棉花 *Anemone vitifolia*

毛茛科　银莲花属

别名:野牡丹、大星宿草、接骨莲

多年生草本;叶片心状卵形,浅裂,两面均被毛;聚伞花序,萼片5,白色或带粉红色。昆明周边山地草坡或疏林下有分布。

水毛茛 *Batrachium bungei*

毛茛科　水毛茛属

别名：梅花藻、希木白

多年生沉水草本；叶片轮廓扇状半圆形，小裂片近丝形；花白色，基部黄色。昆明周边溪流或水塘中有分布。

滑叶藤 *Clematis fasciculiflora*

毛茛科　铁线莲属

别名：三叶五香血藤、三爪金龙、山金银

藤本；三出复叶，对生；萼片4，白色，外面被淡黄色绒毛；瘦果披针形。昆明周边山坡有分布。

绣球藤 *Clematis montana*

毛茛科　铁线莲属

别名：日花木通、四季牡丹

木质藤本；三出复叶；萼片4，白色或外面带淡红色。昆明周边山坡灌丛中有分布。

云南翠雀花 *Delphinium yunnanense*

毛茛科　翠雀属

别名：月下参、小草乌、鸡脚草乌

多年生草本；叶片五角形，深裂；总状花序，有距。昆明周边草坡或灌丛中有分布。

石龙芮 *Ranunculus sceleratus*

毛茛科　毛茛属

别名:打锣锤、鬼见愁

一年生草本;叶肾圆形,边缘深裂;聚伞花序,花辐射对称。昆明周边沟边、湖边、沼泽边或湿地有分布。

偏翅唐松草 *Thalictrum delavayi*

毛茛科　唐松草属

别名:马尾黄连

多年生草本;羽状复叶,小叶边缘深裂;圆锥花序,萼片4,淡紫色或紫色。昆明周边山地林边、沟边有分布。

多花勾儿茶 *Berchemia floribunda*

鼠李科　勾儿茶属

别名：牛鼻角秧、绉纱皮

藤状或直立灌木；叶互生，具平行脉；花多数，排列成聚伞圆锥花序。昆明周边山地灌丛中或阔叶林下有分布。

枳椇 *Hovenia acerba*

鼠李科 枳椇属

别名：拐枣、还阳藤

落叶乔木；叶互生，边缘有锯齿；二歧式聚伞圆锥花序，花辐射对称；果近球形，果序轴明显膨大。昆明周边山地林缘有分布。

多脉猫乳 *Rhamnella martinii*

鼠李科　猫乳属

别名：香叶子

灌木或小乔木；叶互生；聚伞花序腋生，花小，辐射对称；核果近圆柱形，成熟时黑紫色。昆明周边山地灌丛中或阔叶林下有分布。

帚枝鼠李 *Rhamnus virgata*

鼠李科　鼠李属

别名：分枝鼠李、小叶冻绿、小绿柴

灌木或乔木，枝端和分叉处具针刺；叶对生或近对生，边缘具锯齿；花簇生；核果近球形，成熟时黑色。昆明周边石灰岩山坡灌丛中或林下有分布。

纤细雀梅藤 *Sageretia gracilis*

鼠李科 雀梅藤属

别名:筛子簸箕果、铁藤、大胖药

直立或藤状灌木,具刺;叶互生或近对生,边缘具细锯齿;花白色,簇生排列成穗状圆锥花序;核果成熟时紫红色。昆明周边石灰岩山地或灌丛中有分布。

黄杨叶栒子 *Cotoneaster buxifolius*

蔷薇科　栒子属

别名：车轮棠

常绿至半常绿矮生灌木；叶互生，椭圆形，密被灰白色绒毛；花腋生，白色；果实近球形，成熟时红色。昆明周边多石砾坡地、灌丛中有分布。

云南山楂 *Crataegus scabrifolia*

蔷薇科　山楂属

别名：文林果、山林果

落叶小乔木，通常无刺；叶互生，边缘有锯齿；伞房状花序，花白色；果实扁球形，成熟后黄色或带红晕，被褐色斑点。昆明周边灌丛中或林缘有分布。

牛筋条 *Dichotomanthus tristaniaecarpa*

蔷薇科　牛筋条属

别名：牛筋木树

常绿灌木至小乔木；叶互生，长圆状披针形；复伞房状花序顶生，花白色；果长圆柱形。昆明周边干燥山坡、林缘或路旁有分布。

云南多依 *Docynia delavayi*

蔷薇科　多依属

别名：桃杖、酸多李皮、小木瓜

常绿乔木；叶互生，背面密被绒毛；花3~5朵丛生于小枝顶端，白色；果实卵形，黄色。昆明周边干燥山坡或杂木林下有分布。

黄毛草莓 *Fragaria nilgerrensis*

蔷薇科　草莓属

别名：白藨、白草莓

多年生草本，茎密被黄棕色柔毛；叶三出，边缘具锯齿；聚伞花序，花白色，辐射对称；聚合果圆形，常为白色。昆明周边山坡草地或沟边林下有分布。

华西小石积 *Osteomeles schwerinae*

蔷薇科　小石积属

别名:沙糖果

灌木;奇数羽状复叶,小叶片对生,叶轴上有窄叶翼;伞房状花序顶生,花白色;果卵形或近球形,成熟后蓝黑色,具宿存反折萼片。昆明周边山坡、灌丛中有分布。

球花石楠 *Photinia glomerata*

蔷薇科　石楠属

别名：无

常绿灌木或小乔木；叶互生，边缘微外卷；复伞房状花序，花白色，芳香；果卵形，红色。昆明周边山坡、疏林下、灌丛中或路边有分布。

滇西委陵菜 *Potentilla delavayi*

蔷薇科　委陵菜属

别名：丽江翻白草

多年生草本；茎直立或上升，密被柔毛；基生叶为掌状3出复叶，边缘有锯齿，两面均被毛；聚伞花序顶生，花黄色。昆明周边草坡有分布。

蛇含委陵菜 *Potentilla kleiniana*

蔷薇科　委陵菜属

别名:五皮草、五披风、五爪龙

草本;基生叶为近鸟足状5小叶,边缘有锯齿,两面疏被柔毛;花茎上升或匍匐,被柔毛,聚伞花序密集枝顶,花瓣5,黄色。昆明周边山坡草地、路旁有分布。

扁核木 *Prinsepia utilis*

蔷薇科　扁核木属

别名:青刺尖、打油果、枪刺果

灌木,枝条绿色,有枝刺,刺上生叶,叶稀有浅锯齿;总状花序,花白色,基部有短爪;核果成熟时紫褐色或黑紫色,被白粉。昆明周边山坡、路旁有分布。

火棘 *Pyracantha fortuneana*

蔷薇科　火棘属

别名:火把果、救兵粮、救军粮

常绿灌木;叶互生,边缘具锯齿;复伞房状花序,花白色,辐射对称;果近球形,橘红色或深红色。昆明周边山坡、路旁或林下有分布。

川梨 *Pyrus pashia*

蔷薇科　梨属

别名:棠梨

乔木,具枝刺;叶互生,边缘具锯齿;伞形总状花序,花白色,辐射对称;果近球形,褐色,有斑点,成熟后变黑色。昆明周边山坡林下有分布。

长尖叶蔷薇 *Rosa longicuspis*

蔷薇科　蔷薇属

别名：无

攀援灌木；枝弓曲，常有粗短钩状皮刺；小叶卵形，有尖锐锯齿，两面无毛；花多数，排成伞房状，花瓣白色，先端凹凸不平，外面被绢毛。昆明周边林缘、山坡灌丛中有分布。

大花香水月季 *Rosa odorata* var. *gigantea*

蔷薇科 蔷薇属

别名：卡卡果、白蔷薇、打破碗

常绿或半常绿攀援灌木，有刺；羽状复叶，边缘具锐锯齿；花单生，单瓣，乳白色，辐射对称。昆明周边山坡林缘或灌丛中有分布。

红泡刺藤 *Rubus niveus*

蔷薇科　悬钩子属

别名：白枝泡、钩撕刺、倒触伞

灌木，有刺；羽状复叶，边缘具锯齿；伞房状花序或圆锥花序，花红色；果实半球形，由红色转为黑色。昆明周边山坡、疏林下或灌丛中有分布。

渐尖叶粉花绣线菊 *Spiraea japonica* var. *acuminata*

蔷薇科　绣线菊属

别名：无

直立灌木；叶长卵形至披针形，先端渐尖，边缘有尖锐重锯齿，背面沿叶脉有短柔毛；复伞房状花序生于枝顶，花粉红色或白色。昆明周边山坡旷地、林下有分布。

丰花草 *Borreria stricta*

茜草科　丰花草属

别名:破帽草

直立草本;茎四棱柱形;叶对生,近无柄,线状长圆形;花白色,近漏斗形。昆明周边草地或草坡有分布。

六叶葎 *Galium hoffmeisteri*

茜草科　拉拉藤属

别名：车叶葎、拉拉藤、小八棱麻

一年生草本；叶轮生，披针形；聚伞花序，花白色或黄绿色。昆明周边林下、草坡、河滩或灌丛中有分布。

长节耳草 *Hedyotis uncinella*

茜草科　耳草属

别名：小钩耳草、酒药草、灯台兰花

直立多年生草本；茎四棱柱形，节间长；叶对生；花密集成头状，白色或紫色。昆明周边山坡草地、林下或溪边有分布。

野丁香 *Leptodermis potaninii*

茜草科　野丁香属

别名：无

灌木；叶长圆形，全缘，两面被白色短柔毛；聚伞花序顶生，无梗，3花，花冠漏斗状，白色，内面上部及喉部密被硬毛。昆明周边山坡灌丛中有分布。

石丁香 *Neohymenopogon parasiticus*

茜草科　石丁香属

别名：石老虎、网须木、藏丁香

附生多枝小灌木；叶对生；花序顶生，有数枚白色、具长柄的叶状苞片，花冠白色，高脚碟状。昆明周边树上或岩石上有附生。

鸡矢藤 *Paederia foetida*

茜草科　鸡矢藤属

别名：臭鸡矢藤、牛皮冻

藤本；叶对生，先端短尖或渐尖；圆锥花序式聚伞花序，花浅紫色，外面被粉末状柔毛，内面被绒毛。昆明周边山地、灌丛中或林下有分布。

柄花茜草 *Rubia podantha*

茜草科　茜草属

别名：大茜草、逆刺

草质攀援藤本；叶4片轮生；聚伞花序排成圆锥花序，花冠紫红色或黄白色，杯状。昆明周边林缘、灌丛中或溪边有分布。

石椒草 *Boenninghausenia albiflora*

芸香科　石椒草属

别名：小狼毒、臭草、石芫荽

常绿草本，基部木质，全株揉烂有臭味；羽状复叶；聚伞花序顶生，花较小，白色。昆明周边石灰岩灌丛中或山沟林缘有分布。

飞龙掌血 *Toddalia asiatica*

芸香科　飞龙掌血属

别名：见血飞、黄大金根、血棒头、小格藤、刺枇杷

有刺木质藤本；叶互生，具3小叶，小叶无柄；花小，单性，果为肉质小核果；昆明周边石灰岩灌丛中或山沟林缘有分布。

毛刺花椒 *Zanthoxylum acanthopodium*

芸香科　花椒属

别名：飞龙斩血、岩椒、臭椒

灌木，有皮刺；奇数羽状复叶，叶轴具翼，小叶披针形，对生；聚伞花序腋生，花小而密集；成熟心皮红色或紫红色。昆明周边林缘或山坡灌丛中有分布。

云南清风藤 *Sabia yunnanensis*

清风藤科　清风藤属

别名：老鼠吹箫、风藤草

落叶攀援木质藤本；叶互生，两面均被毛；聚伞花序，花淡绿色至淡黄绿色，辐射对称。昆明周边山谷溪旁疏林下有分布。

滇杨 *Populus yunnanensis*

杨柳科　杨属

别名：云南白杨

乔木；叶互生，边缘具锯齿，中脉带红色或黄绿色；葇荑花序。昆明周边杂木林下有分布，亦有栽培。

丑柳 *Salix inamoena*

杨柳科　柳属

别名：无

小灌木；叶椭圆形，有不明显腺齿，叶柄被锈毛；花序与叶同放，圆柱形，花序梗短，着生2~4小叶。昆明周边路边、水沟边有分布。

沙针 *Osyris quadripartita*

檀香科　沙针属

别名：香疙瘩

常绿灌木；叶互生；花小，黄绿色；核果近球形，成熟时橘红色。昆明周边灌丛中或林缘有分布。

车桑子 *Dodonaea viscosa*

无患子科　车桑子属

别名：坡柳、蜜柚子、崖油枝

灌木；单叶互生，披针形；圆锥花序，花单性异株，绿黄色；蒴果，边缘具翅，幼时赤红色，老时黄褐色。昆明周边山坡、灌丛中或草地有分布。

川滇无患子 *Sapindus delavayi*

无患子科　无患子属

别名:皮哨子、菩提子、油患子

落叶乔木;羽状复叶,小叶对生或近对生;聚伞大型圆锥花序顶生,被黄色绒毛,黄白色;果球形。昆明周边山坡密林下或沟谷有分布。

溪畔落新妇 *Astilbe rivularis*

虎耳草科　落新妇属

别名: 滇淫羊藿、红升麻、黄药

多年生草本;茎直立;羽状复叶,边缘具锯齿;圆锥花序顶生,花瓣无。昆明周边林下、草地、路旁或河边有分布。

马桑溲疏 *Deutzia aspera*

虎耳草科　溲疏属

别名：糙枝溲疏

灌木；叶对生，边缘具细锯齿；聚伞花序，花瓣白色，外面密被星状毛。昆明周边山坡灌丛中或疏林下有分布。

常山 *Dichroa febrifuga*

虎耳草科　常山属

别名：过摆留、黄常山、摆子药

灌木；叶对生，叶形状、大小变异大，边缘具锯齿；伞房状圆锥花序，花浅蓝色或白色，辐射对称。昆明周边山坡林下有分布。

马桑绣球 *Hydrangea aspera*

虎耳草科　绣球属

别名：甘茶

灌木或小乔木；叶对生，边缘有尖锯齿；伞房状聚伞花序，分为不育花（花萼片4，绿白色，边缘具尖齿）和孕性花。昆明周边山坡林下或灌丛中有分布。

凹瓣梅花草 *Parnassia mysorensis*

虎耳草科　梅花草属

别名：小苍耳七、岩参

多年生草本；基生叶卵状心形，茎生叶1枚且生于茎中部；花单生茎顶，花瓣白色，具褐色斑点，先端凹缺。昆明周边山坡、林下草地有分布。

昆明山梅花 *Philadelphus kunmingensis*

虎耳草科　山梅花属

别名:无

灌木;叶对生,具基出脉;总状花序,花白色;蒴果陀螺形。昆明周边山坡灌丛中有分布。

西南鬼灯檠 *Rodgersia sambucifolia*

虎耳草科　鬼灯檠属

别名:岩陀、毛青红

多年生草本;茎直立,紫红色,中空;羽状复叶,边缘具锯齿;圆锥花序顶生,花萼粉红色或白色,花瓣无。昆明周边林下、草地或灌丛中有分布。

芽生虎耳草 *Saxifraga gemmipara*

虎耳草科　虎耳草属

别名:石兰草、珠芽虎耳草

多年生草本,丛生;茎生叶通常密集呈莲座状,边缘具腺睫毛;聚伞圆锥花序,花白色,具黄色或紫红色斑纹。昆明周边山坡草地、林下或灌丛中有分布。

黑蒴 *Alectra arvensis*

玄参科　黑蒴属

别名：化血胆

一年生草本；叶卵状披针形；总状花序，花冠筒宽钟状，黄色。昆明周边山坡草地及疏林下有分布。

来江藤 *Brandisia hancei*

玄参科　来江藤属

别名：密札札

灌木，全株被锈黄色绒毛；叶交互对生，全缘，被锈色绒毛；花橙红色；蒴果卵圆形，外被星状绒毛。昆明周边山坡林缘等处有分布。

鞭打绣球 *Hemiphragma heterophyllum*

玄参科　鞭打绣球属

别名：千金草、头顶一颗珠、丁疮药

多年生匍匐草本，全株被柔毛，异型叶；花白色至红色，辐射对称；蒴果卵球形，红色。昆明周边湿润山坡或林缘等处有分布。

水茫草 *Limosella aquatica*

玄参科　水茫草属

别名：伏水茫草

一年生水生或湿生草本；叶簇生，具长柄，宽条形或匙形，全缘；花数朵自叶丛中生出，白色，钟形。昆明周边河滩、沼泽草甸等处有分布。

宽叶母草 *Lindernia nummularifolia*

玄参科　母草属

别名:无

一年生草本;茎四棱形;叶对生,边缘有锯齿;花冠紫色,2唇形。昆明周边山坡草地、沟边灌丛中或路旁有分布。

通泉草 *Mazus pumilus*

玄参科　通泉草属

别名:无

一年生草本;总状花序顶生,花白色、紫色或蓝色,两侧对称,下唇瓣上有绒毛,接近花蕊处有黄色斑块。昆明周边湿润草地、路边或林缘等处有分布。

滇川山罗花 *Melampyrum klebelsbergianum*

玄参科　山罗花属

别名:无

直立草本;茎四棱形,被柔毛;叶披针形,两面被糙毛;花冠唇形,紫红色或红色。昆明周边山坡草地、林下有分布。

尼泊尔沟酸浆 *Mimulus tenellus* var. *nepalensis*

玄参科　沟酸浆属

别名:六月青

多年生草本;叶对生,边缘具锯齿;花单生,漏斗状,黄色,喉部有红色斑点。昆明周边水边、林下湿地有分布。

大王马先蒿 *Pedicularis rex*

玄参科　马先蒿属

别名：羊肝龙头草、凤尾参、蒿枝龙胆草

多年生草本；叶轮生，羽状深裂；总状花序，花黄色，唇形。昆明周边高山栎林林缘或灌丛中有分布。

丹参花马先蒿 *Pedicularis salviiflora*

玄参科 马先蒿属

别名:无

多年生草本;叶对生,有柄,羽状裂,密被短毛;总状花序,花大,玫红色,被疏毛。昆明周边草坡、林缘或溪边有分布。

松蒿 *Phtheirospermum japonicum*

玄参科　松蒿属

别名：花叶草、糯蒿、漆打白

一年生草本；叶对生，三角状卵形，羽状分裂；花单生于上部叶腋内，花冠近2唇形，紫红色至浅红色。昆明周边山坡灌丛中或阳处林下有分布。

杜氏翅茎草 *Pterygiella duclouxii*

玄参科　翅茎草属

别名：草连翘、疳积药、山连芝

一年生草本；茎四棱形，沿棱有狭翅；叶交互对生，全缘，线形；总状花序顶生，花冠黄色；蒴果卵状球形。昆明周边山坡灌丛中或混交林下有分布。

阴行草 *Siphonostegia chinensis*

玄参科　阴行草属

别名：除毒草、吹风草、吊镜草

一年生草本；叶对生，羽状裂；总状花序，花冠上唇红紫色，下唇黄色，外面密被长纤毛。昆明周边山坡、草丛或灌丛中有分布。

大独脚金 *Striga masuria*

玄参科　独脚金属

别名:小白花苏、霸王鞭

多年生草本,全株被刚毛;叶条形;花单生,花冠粉色或白色。昆明周边山坡草地有分布。

毛蕊花 *Verbascum thapsus*

玄参科　毛蕊花属

别名：一炷香、大毛叶、毒鱼草、海绵蒲

二年生草本，全株有黄色星状毛；叶倒披针状矩圆形，边缘具浅圆齿；穗状花序，花黄色。昆明周边山地、草坡或路边灌丛中有分布。

北水苦荬 *Veronica anagallis-aquatica*

玄参科　婆婆纳属

别名:仙桃草

多年生草本;叶对生,无柄;总状花序,花浅蓝色、浅紫色或白色。昆明周边水边及沼地有分布。

美穗草 *Veronicastrum brunonianum*

玄参科　腹水草属

别名:翅茎美穗草

多年生草本;茎直立;叶互生,无柄,边缘具细齿;穗状花序顶生,花冠白色至橙红色,2唇形。昆明周边灌丛中、湿草地或林下有分布。

夜香树 *Cestrum nocturnum*

茄科　夜香树属

别名:洋素馨、夜来香

直立或近攀援状灌木,枝条细长下垂;叶互生,全缘;伞房状聚伞花序,花绿白色至淡绿色,夜间极香。昆明周边有栽培或逸生。

曼陀罗 *Datura stramonium*

茄科　曼陀罗属

别名：醉心花、狗核桃、一股箭

草本或半灌木状；叶互生，广卵形，边缘浅裂；花单生，漏斗状；蒴果直立，卵形，外面被针刺。外来入侵植物，昆明周边路旁或撂荒地常有分布。

假酸浆 *Nicandra physalodes*

茄科　假酸浆属

别名：冰粉、田珠、蓝花天仙子

一年生草本；茎直立；花浅蓝色，钟状；浆果球形，黄色；外来物种，夏日消暑甜品木瓜水的原料。昆明各处村边、路旁有分布。

喀西茄 *Solanum aculeatissimum*

茄科　茄属

别名：狗茄子、苦颠茄、苦天茄

全株被毛及直刺；叶阔卵形，边缘深裂，散生直刺；浆果球状，具花纹，成熟时淡黄色。外来入侵植物，昆明周边沟边、灌丛中、林缘等处有分布。

西域旌节花 *Stachyurus himalaicus*

旌节花科　旌节花属

别名:喜马山旌节花、小通草

落叶灌木或小乔木;叶互生,边缘具细锯齿,先端渐尖;穗状花序腋生,花黄色;果近球形。昆明周边山坡阔叶林下或灌丛中有分布。

大花安息香 *Styrax grandiflorus*

安息香科　安息香属

别名:兰屿安息香

灌木或小乔木;叶互生;单花腋生或总状花序顶生,被灰黄色星状绒毛,花白色,辐射对称。昆明周边林下有分布。

白檀 *Symplocos paniculata*

山矾科　山矾属

别名：碎米子树、乌子树

落叶灌木或小乔木；叶互生，边缘有细锯齿；圆锥花序，花白色，辐射对称；核果卵状球形，成熟时蓝色。昆明周边山坡林下或灌丛中有分布。

柳杉 *Cryptomeria japonica* var. *sinensis*

杉科　柳杉属

别名:孔雀杉、泡杉、长叶柳杉

乔木;叶钻形、略向内弯曲;雄球花短穗状花序集生于枝顶,雌球花淡绿色且生于短枝;球果近球形。昆明周边山坡有分布,亦有栽培。

滇山茶 *Camellia reticulata*

山茶科　山茶属

别名：滇茶、红花油茶

灌木至小乔木；叶互生，表面有光泽，边缘具细锯齿；花常单生，鲜红色至白色均有。昆明周边山坡林下有分布。

细齿叶柃 *Eurya nitida*

山茶科　柃木属

别名:白茶条、亮叶柃

小乔木或灌木状,全株无毛,幼枝具2棱;叶薄革质,椭圆形,边缘密生锯齿或细钝齿;花1~4朵簇生于叶腋,花瓣5,白色;果球形,成熟时蓝黑色。昆明周边林下、路旁灌丛中有分布。

银木荷 *Schima argentea*

山茶科　木荷属

别名：顶芽木荷、毛毛树、山红木

乔木；叶互生，边缘略反卷，背面有银白色蜡被；花数朵生于枝顶。昆明周边阔叶林或针阔混交林下有分布。

厚皮香 *Ternstroemia gymnanthera*

山茶科　厚皮香属

别名:秤杆木

灌木或小乔木;叶常聚生于枝顶;花生于小枝或叶腋,淡黄白色,花梗通常向下弯曲;果圆球形,成熟时紫红色。昆明周边林下或林缘灌丛中有分布。

白瑞香 *Daphne papyracea*

瑞香科　瑞香属

别名：雪花构、白芍、山辣子皮

常绿灌木；叶互生，全缘；花白色，芳香，数朵簇生于枝顶；核果卵状球形。昆明周边疏林荒坡、疏林下有分布。

狼毒 *Stellera chamaejasme*

瑞香科　狼毒属

别名：拔萝卜、燕子药

多年生草本；叶散生；头状花序，花黄色、白色或带紫色，芳香。昆明周边向阳而干燥的草坡有分布。

一把香 *Wikstroemia dolichantha*

瑞香科　荛花属

别名：矮陀陀、半边梅、一把香荛花

灌木，分枝多；叶互生，被疏柔毛；穗状花序组成圆锥花序，花黄色。昆明周边山坡草地及路旁有分布。

长勾刺蒴麻 *Triumfetta pilosa*

椴树科　刺蒴麻属

别名:连粘粘

木质草本或亚灌木;叶卵形,边缘有不整齐锯齿;花黄色;蒴果,有刺,刺被毛,先端有勾。昆明周边疏林灌丛中、旷野有分布。

欧菱 *Trapa natans*

菱科　菱属
别名：无

一年生浮水或半挺水草本；叶二型：浮生叶互生，菱圆形，呈莲座状，沉水叶小且早落；花小，单生于叶腋，白色；果三角状菱形。昆明周边水塘有分布。

香蒲 *Typha orientalis*

香蒲科　香蒲属

别名：东方香蒲、水蜡烛

多年生沼生草本；茎直立，叶线形；雌雄花序紧密连接，呈圆柱状，形似蜡烛。昆明周边湖边、沼泽地有分布。

四蕊朴 *Celtis tetrandra*

榆科　朴属

别名:滇朴、凤庆朴、昆明朴

乔木;叶互生,革质,基部常偏斜,先端渐尖至短尾状渐尖;果近球形,成熟时黄色至橙黄色。昆明周边阔叶林下有分布,亦有栽培。

水麻 *Debregeasia orientalis*

荨麻科　水麻属

别名：野麻、水麻柳

灌木；叶互生，长圆状狭披针形，边缘具细锯齿，背面具灰白色毡毛；雌雄异株；果序球形，鲜时橙黄色。昆明周边山谷阴湿处有分布。

单蕊麻 *Droguetia iners* subsp. *urticoides*

荨麻科　单蕊麻属

别名：无

多年生草本，具白色刚毛状柔毛；叶对生，卵形，边缘具锯齿；团伞花序，生于叶腋。昆明周边山坡林下有分布。

华南楼梯草 *Elatostema balansae*

荨麻科　楼梯草属

别名：无

多年生草本；叶互生，先端渐尖，基部偏斜，边缘具小锯齿；雌雄异株，花序腋生。昆明周边林下沟边潮湿处有分布。

锐齿楼梯草 *Elatostema cyrtandrifolium*

荨麻科 楼梯草属

别名：台湾楼梯草、钟乳楼梯草

多年生草本；叶斜椭圆形，先端长渐尖，基部楔形，边缘具牙齿，两面被硬毛，具钟乳体，离基3出脉；花雌雄异株，花序单生叶腋。昆明周边山谷溪边、林下有分布。

大蝎子草 *Girardinia diversifolia* subsp. *diversifolia*

荨麻科　蝎子草属

别名：梗麻、红麻

多年生草本，具刺毛；叶互生，偶3裂，基出3脉，被刺毛；穗状花序。昆明周边林下、沟边或灌丛中有分布。

糯米团 *Gonostegia hirta*

荨麻科　糯米团属

别名: 小览、糯米藤、红铺铺、红头带

多年生草本;叶对生,具基出脉,全缘;团伞花序腋生。昆明周边山地灌丛中或沟边草地有分布。

假楼梯草 *Lecanthus peduncularis*

荨麻科　假楼梯草属

别名：尖棍菜、水花菜、水苋菜

多年生草本；叶对生，边缘具锯齿，基出3脉；盘状花序腋生。昆明周边林下、沟边灌丛中等阴湿处有分布。

花点草 *Nanocnide japonica*

荨麻科　花点草属

别名：倒剥麻、高墩草

多年生小草本；叶互生，三角卵形，边缘具圆齿；雄花为聚伞花序，雌花为团伞花序，生茎上部叶腋。昆明西山有分布。

墙草 *Parietaria micrantha*

荨麻科　墙草属

别名：白石薯、麻查日干那

一年生铺散草本；叶卵形，基出3脉，全缘；聚伞花序腋生。昆明周边草地、阴湿灌丛中或岩石下阴湿处有分布。

石筋草 *Pilea plataniflora*

荨麻科　冷水花属

别名：钩钩草、鹿含草、大包药

多年生草本；叶对生，具3基出脉，叶柄绿色或浅红色；聚伞圆锥花序腋生。昆明周边半阴坡路边以及石灰山灌丛中有分布。

粗齿冷水花 *Pilea sinofasciata*

荨麻科　冷水花属

别名:扁化冷水花、宫麻

草本;无毛,茎直立,密生线状钟乳体;叶缘具粗牙齿,基出3脉;聚伞圆锥花序。昆明周边山谷林下阴湿处有分布。

雾水葛 *Pouzolzia zeylanica*

荨麻科　雾水葛属

别名：水麻秧、啜脓膏

多年生草本；叶对生，全缘，两面均被毛；团伞花序腋生。昆明周边草地、田边或山坡灌丛中有分布。

荨麻 *Urtica fissa*

荨麻科 荨麻属

别名:小活麻、裂叶荨麻、白蛇麻

多年生草本;茎四棱形,密被刺毛;叶浅裂或掌状3深裂,边缘具锯齿,疏被刺毛;圆锥花序,花小。昆明周边山地林缘路旁或宅前屋后有分布。

滇藏荨麻 *Urtica mairei*

荨麻科　荨麻属

别名：大荨麻、蝎麻、云南荨麻

多年生草本；茎被刺毛和柔毛；叶草质，宽卵形，具缺刻状重牙齿或裂片，两面均被刺毛和糙毛，钟乳体点状，基出脉；雌雄同株，花序生于叶腋。昆明周边林下潮湿处有分布。

臭牡丹 *Clerodendrum bungei*

马鞭草科　赪桐属

别名：紫牡丹、臭芙蓉

灌木，植株有臭味；叶宽卵形，对生，边缘有锯齿；聚伞花序顶生，花玫瑰红色；核果近球形，绿紫色。昆明周边山坡杂木林缘、路边有分布。

滇常山 *Clerodendrum yunnanense*

马鞭草科　赪桐属

别名：乌药、臭牡丹、臭马缨

灌木，植株有臭味；叶对生，表面密被柔毛，边缘有锯齿；花白色至浅红色；核果近球形，蓝黑色，宿存花萼红色。昆明周边山坡疏林下、山谷沟边有分布。

马鞭草 *Verbena officinalis*

马鞭草科　马鞭草属

别名：马鞭子、六杆草、马鞭梢、燕尾草

多年生草本；茎四棱形；穗状花序顶生或腋生，花淡紫色至蓝色；昆明各处路边、山坡、草地或林旁均有分布。

灰叶堇菜 *Viola delavayi*

堇菜科　堇菜属

别名：具茎黄花堇菜、小黄药、黄花地草果

多年生草本；根状茎粗短，地上茎细弱；基生叶常1枚或缺，卵形，先端渐尖，基部心形，具波状锯齿，齿端具腺体；茎生叶三角状卵形；花黄色，花梗长于叶。昆明周边山地林缘、草坡有分布。

三裂蛇葡萄 *Ampelopsis delavayana*

葡萄科 蛇葡萄属

别名:大接骨丹、五爪龙

木质藤本,卷须2~3叉分枝;叶为3小叶,边缘具锯齿;多歧聚伞花序与叶对生。昆明周边林下或山坡灌丛中有分布。

乌蔹莓 *Cayratia japonica*

葡萄科　乌蔹莓属

别名：无

草质藤本；叶鸟足状，5小叶，边缘具锯齿；复二歧聚伞花序腋生。昆明周边山谷林下或山坡灌丛中有分布。

狭叶崖爬藤 *Tetrastigma serrulatum*

葡萄科　崖爬藤属

别名：细齿岩爬藤

草质藤本；叶为鸟足状5小叶，边缘具细锯齿；伞形花序腋生；果圆球形，成熟时紫黑色。昆明周边林下或山坡灌丛岩石缝中有分布。

桦叶葡萄 *Vitis betulifolia*

葡萄科　葡萄属

别名:野葡萄

木质藤本,卷须2叉分枝;叶卵圆形,基出脉5;圆锥花序疏散,与叶对生;果圆球形,成熟时紫黑色。昆明周边山坡、沟谷灌丛中或林下有分布。

葱草 *Xyris pauciflora*

黄眼草科　黄眼草属

别名：扇合草

直立簇生或散生草本；叶簇生，狭线形；头状花序，卵形至球形，花黄色。昆明周边沼泽湿地及稻田中有分布。

草果药 *Hedychium spicatum*

姜科　姜花属

别名：豆蔻、疏穗姜花

草本；叶片长圆形；穗状花序，花芳香，淡黄色，花丝红色。昆明周边山坡林下有分布。

长柄象牙参 *Roscoea debilis*

姜科　象牙参属

别名：柔弱象牙参

多年生草本；叶披针形；穗状花序，花紫红色，两侧对称。昆明周边山坡草地有分布。

蘘荷 *Zingiber mioga*

姜科　姜属

别名：野姜、山姜、观音花

直立草本；穗状花序椭圆形，花冠淡黄色；果倒卵形，成熟时裂成3瓣，果皮里面鲜红色；种子黑色，被白色假种皮。昆明周边山坡林下有分布。

索引一

A

矮探春 377
鞍叶羊蹄甲 230
凹瓣梅花草 531

B

八角枫 006
八月瓜 323
巴豆藤 237
拔毒散 359
白车轴草 259
白刺花 256
白鹤参 396
白花柳叶箐 445
白柯 265
白簕 036
白莲蒿 051
白亮独活 020
白茅 444
白枪杆 376
白瑞香 564
白檀 558
白头婆 069
百脉根 250
斑鸠菊 094
斑壳玉山竹 464
板凳果 117
棒头草 457
苞舌兰 398
宝盖草 308
爆杖花 212
北水苦荬 550
被子裸实 148
蓖麻 221
鞭打绣球 537
扁核木 504
扁穗牛鞭草 442
扁穗雀麦 422
扁枝槲寄生 352
扁竹兰 292
柄花茜草 517
薄荷 311

C

糙果芹 027
草果药 594
草玉梅 482
侧柏 175
叉唇角盘兰 393
叉柱岩菖蒲 346
菖蒲 030
长柄山蚂蝗 246
长柄象牙参 595
长勾刺蒴麻 567
长冠苣苔 283
长尖叶蔷薇 507
长节耳草 513
长毛箐姑草 145
长蕊斑种草 103
长蕊珍珠菜 477
长托菝葜 344
长叶车前 414
长叶枸骨 028
长叶女贞 379
常山 529
车前 413
车桑子 525
齿叶橐吾 082
翅果菊 078
翅茎灯心草 296
丑柳 523
臭荠 113
臭牡丹 585
川百合 339
川滇无患子 526
川梨 506
川牛膝 012
川续断 193
垂序商陆 408
刺儿菜 059
刺芒野古草 419
葱草 593
葱状灯心草 296
粗齿冷水花 581
簇生卷耳 138
寸金草 299

D

打碗花 158
大白杜鹃 207
大独脚金 548
大根兰 389
大花安息香 557
大花金钱豹 123
大花鳞毛菊 084
大花卫矛 147
大花香水月季 508
大麻 129

大薸 035
大王马先蒿 543
大蝎子草 575
大爪草 143
大籽獐牙菜 276
丹参花马先蒿 544
单蕊麻 572
倒提壶 105
稻槎菜 080
等颖落芒草 455
地八角 228
地不容 364
地果 367
地桃花 360
地涌金莲 369
滇白珠 199
滇常山 586
滇重楼 341
滇川山罗花 541
滇桂鸡血藤 232
滇黄芩 319
滇韭 331
滇龙胆草 273
滇黔黄檀 240
滇芹 022
滇青冈 264
滇润楠 327
滇山茶 560
滇水金凤 096
滇西委陵菜 502
滇杨 522
滇藏荨麻 584
滇藏叶下珠 220
滇榛 101
东紫苏 301
豆瓣菜 115
独穗飘拂草 184
独行菜 114
杜氏翅茎草 546
短梗柳叶菜 383
短葶飞蓬 067
短序吊灯花 040
短叶水蜈蚣 186
椴叶鼠尾草 317
多秆画眉草 434
多花地杨梅 297
多花勾儿茶 490
多花剪股颖 415
多花亚菊 048
多茎景天 166
多脉冬青 029
多脉猫乳 492
多星韭 332

E

鹅肠菜 139
鹅毛玉凤花 391
二褶羊耳蒜 394

F

繁缕 144
反枝苋 011
飞蛾藤 160
飞龙掌血 519
粉花月见草 384
丰花草 511
凤眼蓝 472
浮萍 328

G

钙生鹅观草 433
干香柏 173
高贵龙胆 271
高山露珠草 382
狗筋蔓 141
狗牙根 428
构树 366
光头稗 431
光叶柯 266
广布野豌豆 261
鬼吹箫 132
鬼针草 055

H

海仙花 480
蔊菜 116
黑龙骨 042
黑麦草 447
黑蒴 535
黑藻 286
黑珠芽薯蓣 191
红花龙胆 272
红泡刺藤 509
厚皮香 563
厚叶蛛毛苣苔 281
胡桃 293
花点草 578
花魔芋 031
华火绒草 081
华南楼梯草 573
华山松 410
华西小石积 500
滑叶藤 485
化香树 294
桦叶葡萄 592
槐 257
环毛马蓝 003
黄苞大戟 218
黄背草 462
黄草乌 481
黄花香茶菜 306
黄花香薷 302
黄连木 014
黄毛草莓 499
黄茅 443
黄牡丹 402
黄杨叶栒子 495
灰楸 102
灰叶堇菜 588
火棘 505
火石花 071

J

鸡蛋果 405
鸡蛋参 124
鸡脚参 314
鸡桑 368
鸡矢藤 516
鸡眼草 248
吉祥草 343
戟叶酸模 470
假地蓝 238
假楼梯草 577
假酸浆 554
假苇拂子茅 423
尖萼金丝桃 288
间型沿阶草 340
渐尖叶粉花绣线菊 510
箭叶大油芒 460
江南山梗菜 126
姜味草 312
浆果薹草 177
绞股蓝 168
截叶铁扫帚 249
金灯藤 159
金钩如意草 403
金花小檗 099
金荞麦 466
金银忍冬 134
金鱼藻 150
锦鸡儿 234
酒药花醉鱼草 348
救荒野豌豆 262
菊三七 072
橘草 427
苣荬菜 091
聚合草 109
卷叶黄精 342
爵床 002
君迁子 195

K

喀西茄 555
看麦娘 416
空心箭竹 437
苦皮藤 146
宽叶母草 539
宽叶下田菊 044
昆明柏 174
昆明海桐 412
昆明合耳菊 092
昆明红景天 165
昆明龙胆 270
昆明马兜铃 039
昆明木蓝 247
昆明沙参 120
昆明山梅花 532

L

来江藤 536
蓝耳草 154
蓝花参 128
狼毒 565
老虎刺 253
雷公藤 149
肋柱花 275
梨果寄生 350
梨果仙人掌 119
藜 152
李氏禾 446
鳢肠 065
粒状马唐 430
莲 373
镰稃草 440
楝 362
两歧飘拂草 183
亮毛杜鹃 209
亮叶忍冬 133
列当 400
裂果漆 017
流苏树 375
柳杉 559
柳叶钝果寄生 351
六叶葎 512
鹭鸶草 336
卵花甜茅 439
落葵薯 097

M

马鞭草 587
马齿苋 474
马兰 052
马桑 163
马桑溲疏 528
马桑绣球 530
马缨杜鹃 208
曼陀罗 553
蔓生莠竹 448
芒 449
毛刺花椒 520
毛萼香茶菜 305
毛梗豨莶 090
毛花雀稗 453
毛胶薯蓣 192
毛连菜 086
毛脉附地菜 110
毛脉高山栎 268
毛蕊花 549
毛叶合欢 225
毛叶珍珠花 201
毛芋头薯蓣 190
茅膏菜 194
茅瓜 170
茅叶荩草 418
美丽马醉木 205
美穗草 551
密齿天门冬 333
密花滇紫草 108
密蒙花 349
蜜蜂花 310

N

南欧大戟 216
尼泊尔沟酸浆 542
尼泊尔老鹳草 279

尼泊尔蓼 469
尼泊尔桤木 100
尼泊尔酸模 471
泥胡菜 073
拟金茅 436
牛蒡叶橐吾 083
牛筋条 497
牛奶子 196
牛尾蒿 050
牛膝 009
牛膝菊 070
牛至 313
扭果紫金龙 404
钮子瓜 172
糯米团 576

O

欧菱 568

P

偏翅唐松草 489
屏风草 320
蒲公英 093
普通鹿蹄草 206

Q

漆姑草 140
荠 111
千里光 089
千屈菜 353
千针苋 152
乾宁狼白草 454
墙草 579
青皮木 374
青羊参 041
清香木 015
球果牧根草 121
球花石楠 501
球穗扁莎 187
曲柄报春 479
曲莲 169

R

日本乱子草 450
肉色土圞儿 227
锐齿槲栎 267
锐齿楼梯草 574

S

三花枪刀药 001
三角叶须弥菊 074
三棱虾脊兰 386
三裂蛇葡萄 589
三脉紫菀 054
散瘀草 298
沙针 524
山扁豆 235
山慈姑 338
山鸡椒 326
山蓼 467
山土瓜 162
山玉兰 355
山珠南星 033
扇唇舌喙兰 392
商陆 407
蛇含委陵菜 503
深裂竹根七 334
石丁香 515
石海椒 347
石蝴蝶 282
石椒草 518
石筋草 580
石莲 167
石龙芮 488
绶草 399
疏果山蚂蝗 242
鼠麴草 088
鼠尾粟 461
树头花 155
栓皮栎 269
水鳖 287
水朝阳旋覆花 075
水红木 135
水晶兰 203
水麻 571
水茫草 538
水毛茛 484
水毛花 188
水芹 023
丝毛飞廉 056
丝叶球柱草 176
四蕊朴 570
松蒿 545
松林华西龙头草 309
松下兰 202
苏门白酒草 068
素方花 378
碎米花 211
碎米荠 112
碎米莎草 181
穗状狐尾藻 284

T

藤状火把花 300
天胡荽 021
天蓝苜蓿 251
天名精 057
铁苋菜 215
铁仔 371
挺茎遍地金 289
通泉草 540
铜锤玉带草 127
头花蓼 468
头蕊兰 387
头状四照花 164
透骨草 406
土瓜狼毒 217
土荆芥 153
兔耳一支箭 087
椭圆叶花锚 274

W

歪头菜 263
万寿竹 335

万丈深 061
茵草 421
尾叶雀舌木 219
魏氏金茅 435
乌桕 222
乌蔹莓 590
乌鸦果 214
无刺菝葜 345
无心菜 137
五叶老鹳草 278
舞草 236
雾水葛 582

X

西伯利亚远志 465
西南粗糠树 107
西南风铃草 122
西南莩草 459
西南鬼灯檠 533
西南木蓝 246
西南水苏 321
西南鸢尾 291
西域旌节花 556
西域青荚叶 285
西藏珊瑚苣苔 280
溪畔落新妇 527
喜冬草 197
喜旱莲子草 010
喜马拉雅嵩草 185
细柄草 424
细柄黍 452
细齿叶柃 561
细叶旱芹 019
细叶小苦荬 076
狭瓣粉条儿菜 330
狭叶崖爬藤 591
夏至草 307
纤茎阔蕊兰 395
纤细雀梅藤 494
显脉旋覆花 064
显脉獐牙菜 277
线形草沙蚕 463
腺花香茶菜 304
腺毛马蓝 004
香椿 363
香蒲 569
香叶树 325
蘘荷 596
象鼻藤 239
小白及 385
小斑叶兰 390
小柴胡 018
小花琉璃草 106
小金梅草 013
小窃衣 026
小雀花 233
小叶六道木 131
小鱼眼草 062
心叶兔儿风 046
星毛金锦香 361
杏叶茴芹 024
荇菜 365
绣球藤 486
锈毛两型豆 226
血满草 005
荨麻 583

Y

鸭茅 429
鸭舌草 473
芽生虎耳草 534
沿沟草 425
盐肤木 016
羊耳菊 063
野八角 290
野拔子 303
野慈姑 008
野丁香 514
野桂花 381
野菊 058
野葵 358
野棉花 483
野扇花 118
野茼蒿 060
野西瓜苗 357
野香橼花 130
野燕麦 420
叶头过路黄 478
夜香树 552
腋花点地梅 476
腋花兔儿风 047
一把伞南星 032
一把香 566
一点红 066
异型莎草 180
异叶赤爮 171
薏苡 426
翼齿六棱菊 070
阴行草 547
荫生沙晶兰 204
银荆 224
银木荷 562
印度草木樨 252
鹦哥花 244
硬毛夏枯草 316
油桐 223
羽裂黄鹌菜 095
芋 034
圆舌粘冠草 085
圆叶节节菜 354
圆叶牵牛 161
圆锥山蚂蝗 241
缘毛合叶豆 255
缘毛鸟足兰 397
云南斑种草 104
云南叉柱兰 388
云南翠雀花 487
云南多依 498
云南高山豆 258
云南含笑 356
云南金叶子 198
云南木樨榄 380

云南清风藤 521
云南山黑豆 243
云南山楂 496
云南鼠尾草 318
云南松 411
云南娃儿藤 043
云南杨梅 370
云南异燕麦 441
云南油杉 409
云南越桔 213
云南樟 324
云南苧荠 182
云上杜鹃 210
云实 231
云雾薹草 178

Z

藏滇羊茅 438
藏黄花茅 417
早熟禾 456
泽泻 007
粘萼蝇子草 142
粘山药 189
掌叶梁王茶 037
胀萼蓝钟花 125
折叶萱草 337
蔗茅 458
珍珠花 200
珍珠荚蒾 136
直杆蓝桉 372
枳椇 491
中华苦荬菜 077
中华狸尾豆 260
中华秋海棠 098
帚枝鼠李 493
皱稃草 432
珠光香青 049
竹叶草 451
竹叶吉祥草 156
竹叶西风芹 025
竹叶子 157
砖子苗 179
紫茎泽兰 045
紫脉花鹿藿 254
紫萍 329
紫苏 315
紫云英 229
棕榈 038
菹草 475
钻叶紫菀 053
酢浆草 401

索引二

A

Abelia uniflora 131
Acacia dealbata 224
Acalypha australis 215
Achyranthes bidentata 009
Aconitum vilmorinianum 481
Acorus calamus 030
Acroglochin persicarioides 152
Adenophora stricta subsp. *confusa* 120
Adenostemma lavenia var. *latifolium* 044
Ageratina adenophora 045
Agrostis micrantha 415
Ainsliaea bonatii 046
Ainsliaea pertyoides 047
Ajania myriantha 048
Ajuga pantantha 298
Alangium chinense 006
Albizia mollis 225
Alectra arvensis 535
Aletris stenoloba 330
Alisma plantago-aquatica 007
Allium mairei 331
Allium wallichii 332
Alnus nepalensis 100
Alopecurus aequalis 416
Alternanthera philoxeroides 010
Amaranthus retroflexus 011
Amorphophallus konjac 031
Ampelopsis delavayana 589
Amphicarpaea ferruginea 226
Anaphalis margaritacea 049
Androsace axillaris 476
Anemone rivularis 482
Anemone vitifolia 483
Anredera cordifolia 097
Anthoxanthum hookeri 417
Antiotrema dunnianum 103
Apios carnea 227
Arenaria serpyllifolia 137
Arisaema erubescens 032
Arisaema yunnanense 033
Aristolochia kunmingensis 039
Artemisia dubia 050
Artemisia sacrorum 051
Arthraxon prionodes 418
Arundinella setosa 419
Asparagus meioclados 333
Aster indicus 052
Aster subulatus 053
Aster trinervius subsp. *ageratoides* 054
Astilbe rivularis 527
Astragalus bhotanensis 228
Astragalus sinicus 229
Asyneuma chinense 121
Avena fatua 420

B

Batrachium bungei 484
Bauhinia brachycarpa 230
Beckmannia syzigachne 421
Begonia grandis subsp. *sinensis* 098
Berberis wilsonae 099
Berchemia floribunda 490
Bidens pilosa 055
Bletilla formosana 385
Boenninghausenia albiflora 518
Borreria stricta 511
Bothriospermum hispidissimum 104
Brandisia hancei 536
Bromus catharticus 422

Broussonetia papyrifera 366
Buddleja myriantha 348
Buddleja officinalis 349
Bulbostylis densa 176
Bupleurum hamiltonii 018

C

Caesalpinia decapetala 231
Calamagrostis pseudophragmites 423
Calanthe tricarinata 386
Callerya bonatiana 232
Calystegia hederacea 158
Camellia reticulata 560
Campanula pallida 122
Campanumoea javanica 123
Campylotropis polyantha 233
Cannabis sativa 129
Capillipedium parviflorum 424
Capparis bodinieri 130
Capsella bursa-pastoris 111
Caragana sinica 234
Cardamine hirsuta 112
Carduus crispus 056
Carex baccans 177
Carex nubigena 178
Carpesium abrotanoides 057
Catabrosa aquatica 425
Catalpa fargesii 102
Cayratia japonica 590
Celastrus angulatus 146
Celtis tetrandra 570
Cephalanthera longifolia 387
Cerastium fontanum subsp. *vulgare* 138
Ceratophyllum demersum 150
Ceropegia christenseniana 040
Cestrum nocturnum 552
Chamaecrista mimosoides 235
Cheirostylis yunnanensis 388
Chenopodium album 152
Chimaphila japonica 197
Chionanthus retusus 375
Chrysanthemum indicum 058
Cinnamomum glanduliferum 324
Circaea alpina 382
Cirsium arvense var. *integrifolium* 059
Clematis fasciculiflora 485
Clematis montana 486
Clerodendrum bungei 585
Clerodendrum yunnanense 586
Clinopodium megalanthum 299
Codariocalyx motorius 236
Codonopsis convolvulacea 124
Coix lacryma-jobi 426
Colocasia esculenta 034
Colquhounia sequinii 300
Corallodiscus lanuginosus 280
Coriaria nepalensis 163
Cornus capitata 164
Coronopus didymus 113
Corydalis taliensis 403
Corylus yunnanensis 101
Cotoneaster buxifolius 495
Craibiodendron yunnanense 198
Craspedolobium unijugum 237
Crassocephalum crepidioides 060
Crataegus scabrifolia 496
Crepis phoenix 061
Crotalaria ferruginea 238
Cryptomeria japonica var. *sinensis* 559
Cupressus duclouxiana 173
Cuscuta japonica 159
Cyananthus inflatus 125
Cyanotis vaga 154
Cyathula officinalis 012
Cyclobalanopsis glaucoides 264
Cyclospermum leptophyllum 019
Cymbidium macrorhizon 389
Cymbopogon goeringii 427
Cynanchum otophyllum 041
Cynodon dactylon 428
Cynoglossum amabile 105
Cynoglossum lanceolatum 106
Cyperus cyperoides 179
Cyperus difformis 180
Cyperus iria 181

D

Dactylicapnos torulosa 404

Dactylis glomerata 429
Dalbergia mimosoides 239
Dalbergia yunnanensis 240
Daphne papyracea 564
Datura stramonium 553
Debregeasia orientalis 571
Delphinium yunnanense 487
Desmodium elegans 241
Desmodium griffithianum 242
Deutzia aspera 528
Dichotomanthus tristaniaecarpa 497
Dichroa febrifuga 529
Dichrocephala benthamii 062
Digitaria abludens 430
Dinetus racemosus 160
Dioscorea hemsleyi 189
Dioscorea kamoonensis 190
Dioscorea melanophyma 191
Dioscorea subcalva 192
Diospyros lotus 195
Dipsacus asper 193
Disporopsis pernyi 334
Disporum cantoniense 335
Diuranthera major 336
Docynia delavayi 498
Dodonaea viscosa 525
Droguetia iners subsp. *urticoides* 572
Drosera peltata 194
Duhaldea cappa 063
Duhaldea nervosa 064
Dumasia yunnanensis 243
Dysphania ambrosioides 153

E

Echinochloa colonum 431
Eclipta prostrata 065
Ehretia corylifolia 107
Ehrharta erecta 432
Eichhornia crassipes 472
Elaeagnus umbellata 196
Elatostema balansae 573
Elatostema cyrtandrifolium 574
Eleocharis yunnanensis 182
Eleutherococcus trifoliatus 036
Elsholtzia bodinieri 301
Elsholtzia flava 302
Elsholtzia rugulosa 303
Elymus calcicola 433
Emilia sonchifolia 066
Epilobium royleanum 383
Eragrostis multicaulis 434
Erigeron breviscapus 067
Erigeron sumatrensis 068
Erythrina arborescens 244
Eucalyptus globulus subsp. *maidenii* 372
Eulalia wightii 435
Eulaliopsis binata 436
Euonymus grandiflorus 147
Eupatorium japonicum 069
Euphorbia peplus 216
Euphorbia prolifera 217
Euphorbia sikkimensis 218
Eurya nitida 561

F

Fagopyrum dibotrys 466
Fargesia edulis 437
Festuca vierhapperi 438
Ficus tikoua 367
Fimbristylis dichotoma 183
Fimbristylis ovata 184
Fragaria nilgerrensis 499
Fraxinus malacophylla 376

G

Galinsoga parviflora 070
Galium hoffmeisteri 512
Gaultheria leucocarpa var. *yunnanensis* 199
Gentiana duclouxii 270
Gentiana gentilis 271
Gentiana rhodantha 272
Gentiana rigescens 273
Geranium delavayi 278
Geranium nepalense 279
Gerbera delavayi 071
Girardinia diversifolia subsp. *diversifolia* 575
Glyceria tonglensis 439
Gonostegia hirta 576

Goodyera repens 390
Gymnosporia royleana 148
Gynostemma pentaphyllum 168
Gynura japonica 072

H

Habenaria dentata 391
Halenia elliptica 274
Harpachne harpachnoides 440
Hedychium spicatum 594
Hedyotis uncinella 513
Helictotrichon delavayi 441
Helwingia himalaica 285
Hemarthria compressa 442
Hemerocallis plicata 337
Hemiphragma heterophyllum 537
Hemipilia flabellata 392
Hemistepta lyrata 073
Hemsleya amabilis 169
Heracleum candicans 020
Herminium lanceum 393
Heteropogon contortus 443
Hibiscus trionum 357
Himalaiella deltoidea 074
Holboellia latifolia 323
Hovenia acerba 491
Hydrangea aspera 530
Hydrilla verticillata 286
Hydrocharis dubia 287
Hydrocotyle sibthorpioides 021
Hylodesmum podocarpum 246
Hypericum acmosepalum 288
Hypericum elodeoides 289
Hypoestes triflora 001
Hypoxis aurea 013

I

Ilex georgei 028
Ilex polyneura 029
Illicium simonsii 290
Impatiens uliginosa 096
Imperata cylindrica 444
Indigofera mairei 246
Indigofera pampaniniana 247
Inula helianthus-aquatilis 075
Iphigenia indica 338
Ipomoea purpurea 161
Iris bulleyana 291
Iris confusa 292
Isachne albens 445
Isodon adenanthus 304
Isodon eriocalyx 305
Isodon sculponeatus 306
Ixeridium gracile 076
Ixeris chinensis 077

J

Jasminum humile 377
Jasminum officinale 378
Juglans regia 293
Juncus alatus 296
Juncus allioides 296
Juniperus gaussenii 174
Justicia procumbens 002

K

Keteleeria evelyniana 409
Kobresia royleana 185
Kummerowia striata 248
Kyllinga brevifolia 186

L

Lactuca indica 078
Laggera crispata 070
Lagopsis supina 307
Lamium amplexicaule 308
Lapsanastrum apogonoides 080
Lecanthus peduncularis 577
Leersia hexandra 446
Lemna minor 328
Leontopodium sinense 081
Lepidium apetalum 114
Leptodermis potaninii 514
Leptopus clarkei 219
Lespedeza cuneata 249
Leycesteria formosa 132
Ligularia dentata 082
Ligularia lapathifolia 083
Ligustrum compactum 379
Lilium davidii 339
Limosella aquatica 538
Lindera communis 325
Lindernia nummularifolia 539

Liparis cathcartii 394
Lirianthe delavayi 355
Lithocarpus dealbatus 265
Lithocarpus mairei 266
Litsea cubeba 326
Lobelia davidii 126
Lobelia nummularia 127
Lolium perenne 447
Lomatogonium carinthiacum 275
Lonicera ligustrina var. *yunnanensis* 133
Lonicera maackii 134
Lotus corniculatus 250
Luzula multiflora 297
Lyonia ovalifolia 200
Lyonia villosa 201
Lysimachia lobelioides 477
Lysimachia phyllocephala 478
Lythrum salicaria 353

M

Machilus yunnanensis 327
Malva verticillata 358
Mazus pumilus 540
Medicago lupulina 251
Meeboldia yunnanensis 022
Meehania fargesii var. *pinetorum* 309
Melampyrum klebelsbergianum 541
Melanoseris atropurpurea 084
Melia azedarach 362
Melilotus indicus 252
Melissa axillaris 310
Mentha canadensis 311
Merremia hungaiensis 162
Metapanax delavayi 037
Michelia yunnanensis 356
Micromeria biflora 312
Microstegium fasciculatum 448
Mimulus tenellus var. *nepalensis* 542
Miscanthus sinensis 449
Monochoria vaginalis 473
Monotropa hypopitys 202
Monotropa uniflora 203
Monotropastrum sciaphilum 204
Morus australi 368
Muhlenbergia japonica 450
Murdannia stenothyrsa 155
Musella lasiocarpa 369
Myosoton aquaticum 139
Myriactis nepalensis 085
Myrica nana 370
Myriophyllum spicatum 284
Myrsine africana 371

N

Nanocnide japonica 578
Nasturtium officinale 115
Nelumbo nucifera 373
Neohymenopogon parasiticus 515
Nicandra physalodes 554
Nymphoides peltatum 365

O

Oenanthe javanica 023
Oenothera rosea 384
Olea tsoongii 380
Onosma confertum 108
Ophiopogon intermedius 340
Oplismenus compositus 451
Opuntia ficus-indica 119
Origanum vulgare 313
Orobanche coerulescens 400
Orthosiphon wulfenioides 314
Osbeckia stellata 361
Osmanthus yunnanensis 381
Osteomeles schwerinae 500
Osyris quadripartita 524
Oxalis corniculata 401
Oxyria digyna 467

P

Pachysandra axillaris 117
Paederia foetida 516
Paeonia delavayi 402
Panicum sumatrense 452
Paraboea crassifolia 281
Parietaria micrantha 579
Paris polyphylla var. *yunnanensis* 341
Parnassia mysorensis 531
Paspalum dilatatum 453
Passiflora edulis 405

Pedicularis rex 543
Pedicularis salviiflora 544
Pennisetum flaccidum 454
Perilla frutescens 315
Periploca forrestii 042
Peristylus mannii 395
Petrocosmea duclouxii 282
Philadelphus kunmingensis 532
Photinia glomerata 501
Phryma leptostachya subsp. *asiatica* 406
Phtheirospermum japonicum 545
Phyllanthus clarkei 220
Phytolacca acinosa 407
Phytolacca americana 408
Picris hieracioides 086
Pieris formosa 205
Pilea plataniflora 580
Pilea sinofasciata 581
Piloselloides hirsuta 087
Pimpinella candolleana 024
Pinus armandii 410
Pinus yunnanensis 411
Piptatherum aequiglume 455
Pistacia chinensis 014
Pistacia weinmanniifolia 015
Pistia stratiotes 035
Pittosporum kunmingense 412
Plantago asiatica 413
Plantago lanceolata 414
Platanthera latilabris 396
Platycarya strobilacea 294
Platycladus orientalis 175
Poa annua 456
Polygala sibirica 465
Polygonatum cirrhifolium 342
Polygonum capitatum 468
Polygonum nepalense 469
Polypogon fugax 457
Populus yunnanensis 522
Portulaca oleracea 474
Potamogeton crispus 475
Potentilla delavayi 502
Potentilla kleiniana 503
Pouzolzia zeylanica 582
Primula duclouxii 479
Primula poissonii 480
Prinsepia utilis 504
Prunella hispida 316
Pseudognaphalium affine 088
Pterolobium punctatum 253
Pterygiella duclouxii 546
Pycreus flavidus 187
Pyracantha fortuneana 505
Pyrola decorata 206
Pyrus pashia 506

Q

Quercus dentata 267
Quercus rehderiana 268
Quercus variabilis 269

R

Ranunculus sceleratus 488
Reineckia carnea 343
Reinwardtia indica 347
Rhabdothamnopsis sinensis 283
Rhamnella martinii 492
Rhamnus virgata 493
Rhodiola liciae 165
Rhododendron decorum 207
Rhododendron delavayi 208
Rhododendron microphyton 209
Rhododendron pachypodum 210
Rhododendron spiciferum 211
Rhododendron spinuliferum 212
Rhus chinensis 016
Rhynchosia himalensis var. *craibiana* 254
Ricinus communis 221
Rodgersia sambucifolia 533
Rorippa indica 116
Rosa longicuspis 507
Rosa odorata var. *gigantea* 508
Roscoea debilis 595
Rotala rotundifolia 354
Rubia podantha 517
Rubus niveus 509
Rumex hastatus 470
Rumex nepalensis 471

S

Sabia yunnanensis 521
Saccharum rufipilum 458
Sageretia gracilis 494
Sagina japonica 140
Sagittaria trifolia 008
Salix inamoena 523
Salvia tiliifolia 317
Salvia yunnanensis 318
Sambucus adnata 005
Sapindus delavayi 526
Sarcococca ruscifolia 118
Satyrium nepalense var. *ciliatum* 397
Saxifraga gemmipara 534
Schima argentea 562
Schoenoplectus mucronatus subsp. *robustus* 188
Schoepfia jasminodora 374
Scurrula atropurpurea 350
Scutellaria amoena 319
Scutellaria orthocalyx 320
Sedum multicaule 166
Senecio scandens 089
Seseli mairei 025
Setaria forbesiana 459
Sida szechuensis 359
Siegesbeckia glabrescens 090
Silene baccifera 141
Silene viscidula 142
Sinocrassula indica 167
Siphonostegia chinensis 547
Smilax ferox 344
Smilax mairei 345
Smithia ciliata 255
Solanum aculeatissimum 555
Solena heterophylla 170
Sonchus wightianus 091
Sophora davidii 256
Sophora japonica 257
Spathoglottis pubescens 398
Spatholirion longifolium 156
Spergula arvensis 143
Spiraea japonica var. *acuminata* 510
Spiranthes sinensis 399
Spirodela polyrrhiza 329
Spodiopogon sagittifolius 460
Sporobolus fertilis 461
Stachys kouyangensis 321
Stachyurus himalaicus 556
Stellaria media 144
Stellaria pilosoides 145
Stellera chamaejasme 565
Stephania epigaea 364
Streptolirion volubile 157
Striga masuria 548
Strobilanthes cyclus 003
Strobilanthes forrestii 004
Styrax grandiflorus 557
Swertia macrosperma 276
Swertia nervosa 277
Symphytum officinale 109
Symplocos paniculata 558
Synotis cavaleriei 092

T

Taraxacum mongolicum 093
Taxillus delavayi 351
Ternstroemia gymnanthera 563
Tetrastigma serrulatum 591
Thalictrum delavayi 489
Themeda triandra 462
Thladiantha hookeri 171
Tibetia yunnanensis 258
Toddalia asiatica 519
Tofieldia divergens 346
Toona sinensis 363
Torilis japonica 026
Toxicodendron griffthii 017
Trachycarpus fortunei 038
Trachyspermum scaberulum 027
Trapa natans 568
Triadica sebifera 222
Trifolium repens 259
Trigonotis microcarpa 110
Tripogon filiformis 463
Tripterygium wilfordii 149
Triumfetta pilosa 567
Tylophora yunnanensis 043
Typha orientalis 569

U

Uraria sinensis 260
Urena lobata 360
Urtica fissa 583
Urtica mairei 584

V

Vaccinium duclouxii 213
Vaccinium fragile 214
Verbascum thapsus 549
Verbena officinalis 587
Vernicia fordii 223
Vernonia esculenta 094
Veronica anagallis-aquatica 550
Veronicastrum brunonianum 551
Viburnum cylindricum 135
Viburnum foetidum var. *ceanothoides* 136
Vicia cracca 261
Vicia sativa 262
Vicia unijuga 263
Viola delavayi 588
Viscum articulatum 352
Vitis betulifolia 592

W

Wahlenbergia marginata 128
Wikstroemia dolichantha 566

X

Xyris pauciflora 593

Y

Youngia paleacea 095
Yushania maculata 464

Z

Zanthoxylum acanthopodium 520
Zehneria bodinieri 172
Zingiber mioga 596

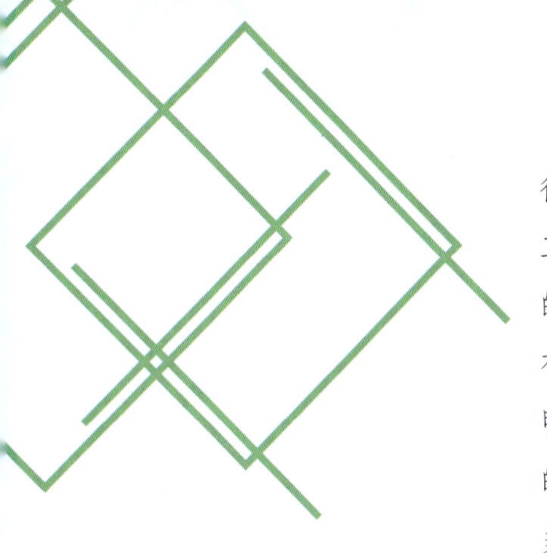

后记

从很早来到昆明我便对昆明植物园以及昆明周边的植物产生了很浓厚的兴趣。昆明周边原生林虽所存数量不多，各类次生灌丛和人工植被占据了很大优势，然而每次刷花均能发现一些不一样或不多见的植物。通过后期的逐渐学习和查阅我才知道其中不乏滇中地区特有种或者昆明特有种，在了解了一些区系和植被学知识后我才明白昆明地区植物的特殊性。然而那时候的知识来源主要是从图书馆翻到的《昆明种子植物名录》和《昆明植被》。这两本书均出版很久，其中许多物种名称已经被归并，且没有对应的彩色照片和标本引证，这使得对昆明本土植物的认识和探索产生了瓶颈，自此我就有了编撰一本介绍昆明常见野生植物的想法。然而由于时间和各种条件的限制，一直到2016年，才重新将《昆明常见野生植物》的编撰提上日程。利用空余时间整理各类采集和调查资料，寻找和拍摄目标类群，前后花了近三年时间才整理编撰完这本书。

在排版制作上，本书使用更为简洁的图面排版，摒弃繁冗的文字，仅保留最重要的分类信息，并将细化的文字和更多的图片信息通过二维码的形式进行传播表达。在物种名称上，本书原则上参照《Flora of China》的拉丁名（包括科、属的概念），并保留了部分《云南植物志》《云南植被》《昆明植被》等资料中云南本地的中文名，如滇石栎（白柯）、紫茎泽兰（破坏草）、青刺尖（扁核木）等，以方便读者查阅。由于编著者水平有限，书中的植物鉴定和描述难免有错，恳请相关专家批评指正。

本书图片收集过程中要特别感谢朱鑫鑫博士，他在获知我们编撰本书的目标后便将他多年在昆明周边拍摄的数百种植物资料图片无偿提供给我们使用，在此向其表示最真诚的谢意。此外还要感谢刘艳春、董洪进、孙绪伟、李园园、姜利琼、乔娣、尹志坚、蔡杰、徐洲锋、张坤、蒋蕾、王泽欢、吴增源，他们也为本书提供了许多十分珍贵的物种照片。

上官法智

2019年12月10日